Qualitätsorientierte modellbasierte Prozessparameteroptimierung für das Fused Deposition Modeling

Quality-Oriented Model-Based Process Parameter Optimization for the Fused Deposition Modeling

Von der Fakultät für Maschinenwesen
der Rheinisch-Westfälischen Technischen Hochschule Aachen
zur Erlangung des akademischen Grades eines
Doktors der Ingenieurwissenschaften
genehmigte Dissertation

vorgelegt von

Marco Heinrich

Berichter:

Univ.-Prof. Dr.-Ing. Robert Heinrich Schmitt
Univ.-Prof. Dr.-Ing Dipl.-Wirt-Ing. Johannes Schleifenbaum

Tag der mündlichen Prüfung: 20. April 2018

ERGEBNISSE AUS DER PRODUKTIONSTECHNIK

Marco Heinrich Fuhrmann

Qualitätsorientierte modellbasierte Prozessparameteroptimierung für das Fused Deposition Modeling

Herausgeber:
Prof. Dr.-Ing. Dr.-Ing. E. h. Dr. h. c. Dr. h. c. F. Klocke
Prof. Dr.-Ing. Dipl.-Wirt. Ing. G. Schuh
Prof. Dr.-Ing. C. Brecher
Prof. Dr.-Ing. R. H. Schmitt

Band 23/2018

WZL | RWTH AACHEN UNIVERSITY

Fraunhofer
IPT

Bibliografische Information der Deutschen Nationalbibliothek
Die Deutsche Nationalbibliothek verzeichnet diese Publikation in der Deutschen Nationalbibliografie; detaillierte bibliografische Daten sind im Internet über https://portal.dnb.de abrufbar.

Marco Heinrich Fuhrmann:

Qualitätsorientierte modellbasierte Prozessparameteroptimierung
für das Fused Deposition Modeling

1. Auflage, 2018

Gedruckt auf holz- und säurefreiem Papier, 100% chlorfrei gebleicht.

Apprimus Verlag, Aachen, 2018
Wissenschaftsverlag des Instituts für Industriekommunikation und Fachmedien
an der RWTH Aachen
Steinbachstr. 25, 52074 Aachen
Internet: www.apprimus-verlag.de, E-Mail: info@apprimus-verlag.de

Druck: KN Digital Printforce GmbH, Stuttgart

ISBN 978-3-86359-633-0

D 82 (Diss. RWTH Aachen University, 2018)

Vorwort

Die vorliegende Dissertation entstand während meiner Tätigkeit als wissenschaftlicher Mitarbeiter am Lehrstuhl für Fertigungsmesstechnik und Qualitätsmanagement des Werkzeugmaschinenlabors WZL der Rheinisch-Westfälischen Technischen Hochschule Aachen.

Mein erster Dank gilt Herrn Prof. Dr.-Ing Robert Schmitt, Inhaber des Lehrstuhls, für die Möglichkeit zur Promotion, das mir entgegengebrachte Vertrauen sowie die kritische, jedoch stets konstruktive Diskussion. Das herausfordernde Umfeld am Lehrstuhl, zwischen wissenschaftlicher Arbeit und zahlreichen praktischen Projekten, hat mir die Möglichkeit gegeben, mich fachlich wie persönlich weiterzuentwickeln.

Herrn Prof. Dr.-Ing Schleifenbaum danke ich für das Interesse an meiner Arbeit, die kritische Diskussion und die Übernahme der Rolle des zweiten Berichters.

Ein großer Dank geht an meine Kollegen am WZL, am Lehrstuhl und insbesondere in der Abteilung Qualitätsmanagement. Das kollegiale Umfeld sowie die konstruktiven und fachlichen Diskussionen haben maßgeblich zum Gelingen dieser Arbeit beigetragen. Hervorheben möchte ich Frau Antonia Fels und Herrn Daniel Frank, die mich mit ihren fachlichen Anregungen sowie der Durchsicht der Arbeit sehr unterstützt haben. Mein besonderer Dank gilt Herrn Dr.-Ing Björn Falk, für die sehr konstruktiven Diskussionen, die kritische Reflexion und die Durchsicht der Arbeit. Weiterhin danke ich ihm für das mir entgegengebrachte Vertrauen im Rahmen der Zusammenarbeit am Lehrstuhl. Die vielfältigen Herausforderungen in der Projektarbeit waren für mich immer Quell der Motivation. Ebenso danken möchte ich meinen studentischen Mitarbeitern sowie Bachelor- und Masterarbeitern für die Diskussionen und wertvollen Beiträge zu meiner Forschungsarbeit. Besonders hervorheben möchte ich hierbei Herrn Raymond Chandra, Herrn Tim Thannimmotil und Herrn Robin Günther.

Ich werde stets mit Freude an die gemeinsame Zeit am WZL zurückdenken!

Ein großer Dank geht an meine Eltern, die mich immer und in allen Lebenslagen vorbehaltlos unterstützt, mir mit weisen Worten zur Seite gestanden und mir das Studium ermöglicht haben. Ohne Euch wäre das sicher nicht möglich gewesen!

Abschließend danke ich meiner Freundin Melanie für das Verständnis und die Unterstützung. Bei dir konnte ich stets neue Kraft schöpfen, um insbesondere den Schlussspurt erfolgreich zu meistern.

Aachen, im Januar 2018 Marco Fuhrmann

Zusammenfassung

Additive Fertigungsverfahren (ugs. 3D-Druck) revolutionieren die Produktionstechnik, indem sie die kundenindividuelle Produktion von Gütern in Losgröße 1 ermöglichen. Durch die geringe Investitionshemmschwelle zum Beispiel für KMU erfreuen sich insbesondere 3D-Drucker des kleinen und mittleren Preissegments zunehmender Beliebtheit. Gerade solche Desktop-3D-Drucker, die häufig auf der Fused Deposition Modeling Technologie basieren, sind jedoch meist nicht in der Lage, eine gleichbleibend hohe Produktqualität zu realisieren.

Gegenstand der vorliegenden Arbeit ist daher die qualitätsorientierte modellbasierte Prozessparameteroptimierung für das Fused Deposition Modeling. Die situationsabhängige und flexible optimale Auslegung der Prozessparameter ist eine zentrale Aufgabe zur Realisierung quaitätsoptmierter Produktionssysteme. Kernidee der hier vorgestellten Lösung ist für das Fused Deposition Modeling eine anwendungsfallspezifische Kombination von Black Box und White Box Modellen zu einem neuen Grey Box Ansatz für mehrere Zielgrößen zu realisieren, die die optimale Parameterauslegung erlauben und sich an veränderte Bedingungen, wie neue Bauteilgeometrien, anpassen.

Auf Basis der Analyse der Objektbereiche Optimierung, Modellbildung und additive Fertigungsverfahren wird der Betrachtungsbereich der Arbeit eingegrenzt und basierend darauf der aktuelle Stand der Erkenntnisse der modellbasierten Optimierung additiver Fertigungsverfahren beschrieben. Daraus leiten sich die betrachtete Forschungslücke und folglich die entsprechenden Forschungsfragen ab. Im Anschluss werden für das FDM Verfahren zunächst für insgesamt vier Zielgrößen mit acht Ausprägungen jeweils verschiedene Modelle entwickelt. Black Box Modelle auf Basis empirischer Daten, die aus Experimenten einer statistischen Versuchsplanung gewonnen werden sowie White Box Modelle, die auf Basis von Literatur und eigenen Überlegungen abgeleitet werden. Die Modelle werden im Anschluss evaluiert, bevor sie für jede Zielgröße zu einem Grey Box Modell kombiniert werden. Die erzeugten Modelle werden in einer Simulationsumgebung zusammen mit einem geeigneten Minimierungsalgorithmus implementiert und das gesamte Konzept einer anschließenden Validierung unterzogen. Abschließend wird die Vorgehensweise generalisiert und somit ein Ansatz zur Grey Box Modellierung allgemein nicht beherrschter Technologien abgeleitet.

Das *Ergebnis* ist somit zum einen eine Simulationsumgebung mit Benutzerschnittstelle für einen beispielhaften FDM Prozess und zum anderen ein generelles Vorgehen, wie eine Parameteroptimierung mittels Grey Box Modellen für komplexe, nicht beherrschte Technologien realisiert werden kann. Die Simulationsumgebung erlaubt einem Benutzer für einen beispielhaften FDM Prozess zum einen eine Prädiktion der Zielgrößen auf Basis definierter Parametereinstellungen und zum anderen die Vorgabe dieser Zielgrößen und mithilfe des Optimierungsalgorithmus und der Grey Box Modelle eine Parameteroptimierung für den betrachteten Prozess. Die Modelle sind adaptiv, d. h. durch die Eingabe weiterer Daten passen sie sich an veränderliche Bedingungen und Anwendungsfälle automatisch an.

Weiterhin erlaubt das entwickelte generelle Vorgehen den Ansatz auf weitere nicht beherrschte Technologien zu übertragen.

Abstract

Additive manufacturing technologies (3D printing) revolutionize production technology by enabling the individual production of goods in batch size 1. Because of the low investment inhibition threshold, particularly 3D printers in the low and medium budget segment are very interesting especially for SME's. These desktop 3D printers, which are often based on fused deposition modeling technology, are in many cases not able to achieve a consistently high product quality.

The subject of this thesis is therefore the quality-oriented model-based process parameter optimization for the fused deposition modeling. The situation-dependent and flexible optimal setting of the process parameters is a central task for the realization of quality-optimized production systems. The main idea of the presented solution is to implement an application-specific combination of black box and white box models for a new grey box approach for several target variables, which allow the optimal parameter setting and adapt to changing conditions, such as new component geometries. Based on the analysis of the object areas optimization, modeling and additive manufacturing processes, the scope of the work is limited and the state of the art for the model-based optimization of additive manufacturing processes is specified. The resulting research gaps and consequently, the corresponding research questions are derived.

Subsequently, different models are developed for the FDM technology for a total of four variables with eight target factors. Black box models based on empirical data obtained from experiments of a statistical experimental design as well as white box models, which are derived on the basis of literature review and own considerations. These models are validated and combined to a grey box approach for each target value. The generated models are implemented in a simulation environment together with a suitable minimization algorithm and the entire concept is subsequently validated. Finally, the approach is generalized and thus, a procedure for the grey box modeling for complex technologies is derived.

The result is, on the one hand, a simulation environment with user interface for an exemplary FDM process and, on the other hand, a general approach, how the parameter optimization can be realized using grey box models for complex technologies. The simulation environment allows a user to predict the target variables based on defined parameter settings and also the optimization of these target variables by means of the optimization algorithm and the grey box models. The models adapt automatically to changing conditions and applications when new data is available.

Furthermore, the developed general approach can be implemented for various complex technologies.

I Inhaltsverzeichnis

II Formelzeichen und Abkürzungen

Formelzeichen	Einheit	Beschreibung
$\alpha_{Schrumpf}$	-	Schrumpffaktor
δ	mm	Deformation
ϵ	mm	Dehnung
θ	°	Fertigungswinkel
σ^*	N	Konstante Ausgleichsspannung
σ_{Bend}	N	Biegespannung
$\sigma_{thermal}$	N	Spannung im Bauteil bedingt durch Abkühlungsprozesse
b	mm	Breite
d	mm	Durchmesser
D_f	%	Fülldichte (Fill Density)
d_L	mm	Schichtdicke (Layer Height)
E	N/mm²	Elastizitätsmodul
E_{el}	Ws	Energieverbrauch
h	mm	Höhe
h_{Layer}	mm	Höhe einer Schicht
$I_{N,max}$	A	Maximaler Stromfluss bedingt durch das Heizelement der Nadel
$I_{P,max}$	A	Maximaler Stromfluss bedingt durch das Heizelement der Plattform
$I_{SM,max}$	A	Maximaler Stromfluss des Schrittmotors
$I_{V1,max}$	A	Maximaler Stromfluss im Hauptventilator

$I_{V2,max}$	A	Maximaler Stromfluss im Nebenventilator
$I_{P,H}$	A	Maximaler Haltestrom der Plattform
I_{Ext}	A	Maximaler Stromfluss im Extruder
k	1/mm	Krümmung
L_{res}	mm	Resultierende Länge des Bauteils
M_{Gesamt}	Nm	Biegemoment
n_{Layer}	-	Anzahl Schichten des zu druckenden Modells
R	mm	Radius der Biegung
R_1	µm	Oberflächenrauheit 1
R_2	µm	Oberflächenrauheit 2
R_3	µm	Oberflächenrauheit 3
R_a	µm	Arithmetischer Mittenrauwert
s_{Gesamt}	mm	Gesamtpfad, den der Druckkopf mit der normalen Druckgeschwindigkeit abfährt
$s_{Gesamt,B}$	mm	Gesamtpfad, den der Druckkopf mit der Druckgeschwindigkeit für die unterste Schicht abfährt
$s_{Gesamt,I}$	mm	Gesamtpfad, den der Druckkopf mit der Druckgeschwindigkeit für die Füllung abfährt
T_N	°C	Temperatur der Düse (Nozzle Temperature)
T_P	°C	Temperatur der Plattform (Platform Temperature)
T_U	°C	Umgebungstemperatur
t_{Pause}	S	Zeit zwischen dem Druck von zwei Schichten durch das Absenken der Plattform
t_{pr}	s	Druckzeit
v_{Pr}	mm/s	Druckgeschwindigkeit (Print Speed)

$v_{Pr,B}$	mm/s	Druckgeschwindigkeit für die unterste Schicht (Bottom Layer Speed)
$v_{pr,I}$	mm/s	Druckgeschwindigkeit beim Füllen (Infill Speed)
w_{Layer}	mm	Breite einer Schicht

Abkürzung	**Beschreibung**
ABS	Acrylnitril-Butadien-Styrol
ANOVA	Analysis of Variants
DoE	Design of Experiments
DSRIS	Design Science Research in Information Systems
DMAIC	Define Measure Analyze Improve Control
EPMA	European Powder Metallurgy Association
FDM	Fused Deposition Modeling
GMDH	Group Method Data handling
GUI	Graphical User Interface
HMI	Human Machine Interface
IS	Informationssystem
IuK	Informations- und Kommunikationssystem
PLA	Polylactide
PWC	Price Waterhouse Coopers
SLS	Selektives Lasersintern
SLM	Selektives Laserschmelzen
STL	Standard Tessellation Language
TQM	Total Quality Management

III Abbildungsverzeichnis

IV Tabellenverzeichnis

1 Einleitung

„Ihrem Wesen nach sind alle Modelle falsch, aber einige sind nützlich." (G. BOX)[1]

Die vorliegende Arbeit betrachtet die zunehmende Komplexität technischer Systeme und wie sie beherrscht werden kann. Vorhersagen wie das *Moore'sche Gesetz*, dass sich die Komplexität integrierter Schaltkreise (in diesem Fall die Zahl der Transistoren von integrierten Schaltkreisen) alle zwölf bis vierundzwanzig Monate verdoppeln würde, treffen bis heute zu[2]. Nach BRUNS setzt sich Komplexität zusammen aus der Anzahl und Arten der Elemente eines Systems (Varietät) und der Anzahl und Arten der Beziehungen innerhalb des Systems (Konnektivität)[3]. Im Bereich der Produktionstechnik lässt sich dieser Trend ebenfalls erkennen, indem ausgehend von einfacher Mechanik, Maschinenbau, Informatik und Elektronik fortwährend zusammenwachsen und Begriffe wie cyberphysische Produktionssysteme, Industrie 4.0 und selbstoptimierende Produkte und Produktionssysteme das Bild der deutschen Industrie im 21. Jahrhundert prägen[4].

Neben dem Trend einer zunehmenden Komplexität steigen ebenfalls kontinuierlich die Ansprüche an die Qualität der produzierten Güter, bei gleichzeitig erhöhtem Zeit- und Kostendruck. Dies erfordert nach BRECHER flexible und effiziente Produktionssysteme, die sich schnell an veränderliche Markt- und Entwicklungsbedingungen anpassen und dabei trotz hoher Produktvarianz schnell stabile und fähige Prozesse erreichen[5]. Nach RAO ist eine zentrale Aufgabe um dies zu realisieren, eine optimale Auslegung der relevanten Parameter durch das Verstehen der Wirkzusammenhänge der betrachteten Prozesse[6].

---

[1] vgl. **Box, G.** (Science and Statistics), 1976, S. 792

[2] vgl. **Schaller, R.** (Moore's law), 1997, S. 57; **Friedmann, T.** (Moore's Law Turns 50), 2015

[3] vgl. **Bruns, M.** (Systemtechnik), 1991, S. 54

[4] vgl. **Brecher, C.** (Integrative Produktionstechnik für Hochlohnländer), 2011, S. 701; **Gausemeier, J.; Rammig, F.; Schäfer, W.; Sextro, W.** (Dependability of self-optimizing mechatronic systems), 2014, S. 1ff; **Arpe, J.** (Globalisierung und Komplexität), 2012, S. 1f; **Afsarmanesh, H.; Luis M.; Lucas Soares, A.** (Collaboration in a Hyperconnected World), 2016, S. 1ff

[5] vgl. **Brecher, C.** (Integrative Produktionstechnik für Hochlohnländer), 2011, S. 8

[6] vgl. **Rao, R.** (Advanced Modeling and Optimization of Manufacturing Processes), 2011, S. 3

Mit diesem Ziel wird im Rahmen der vorliegenden Arbeit ein modellbasierter Ansatz verfolgt, bei dem durch die Verwendung von mathematischen Modellen das Systemverhalten beschrieben, dadurch verstanden und folglich vorhergesagt werden kann, um anschließend mithilfe der Modelle das inverse Problem der Optimierung der Systemparameter zu lösen.

1.1 Ausgangssituation und Problemstellung

Im Bereich der Produktionstechnik stellt sich die Frage der Beherrschbarkeit aktuell insbesondere am Beispiel additiver Fertigungsverfahren (ugs. 3D-Druck), denen zunehmende Beachtung zukommt, die jedoch meist noch keine konstant hohe Prozess- und Produktqualität erzeugen, wie klassische Produktionssysteme[7]. Additive Verfahren bieten einige Vorteile gegenüber herkömmlichen Fertigungsverfahren. Dies sind so zum Beispiel die wirtschaftliche Herstellung einer großen Anzahl unterschiedlicher Produkte in Losgröße 1, ohne dass dazu spezielle Werkzeuge, wie Gussformen o. ä. benötigt werden[8] oder die Möglichkeit, komplexe Bauteilgeometrien, wie Bienenwabenstrukturen oder Hinterschneidungen herzustellen. Weiterhin ist dies die Möglichkeit der wirtschaftlichen Herstellung von individualisierten Produkten, wie beispielsweise Prothesen für Mensch und Tier[9]. Insofern steht der zunehmende Einsatz additiver Fertigungsverfahren vielleicht für eine Revolution, in jedem Fall jedoch für eine Evolution der Produktionstechnik[10]. Additive Verfahren stellen durch ihre Flexibilität auch kleineren Unternehmen in Aussicht, zu wettbewerbsfähigen Kosten individualisierte Produkte zu entwickeln und zu produzieren.[11]

Ein entscheidender Nachteil, den additive Fertigungsverfahren nach wie vor gegenüber konventionellen Fertigungsverfahren aufweisen, ist die Komplexität der Prozesskette. Die Beherrschung verlangt Fachkenntnisse in unterschiedlichen Bereichen, was den Einsatz additiver Fertigungsverfahren vor allem für kleinere Unternehmen derzeit noch erschwert. Ein hoher Grad an Automatisierung analog zu Spritzgussmaschinen oder spanenden Bearbeitungszentren ist derzeit „[...] in weiter Ferne". Zwar weisen professionelle Anlagen bereits heute einen Grad an Teilautomatisierung auf. Diese erfordern jedoch teils hohe Investitionen im sechsstelligen Bereich. Dadurch ist eine Anschaffung für kleinere Unternehmen in der Regel mit hohen Risiken verbunden, was einen Einstig in den Bereich des 3D-Drucks erschwert.[12]

---

[7] vgl. **VDI Verein Deutscher Ingenieure** (Statusreport AM), 2014, S. 2

[8] vgl. **Lindemann, U.; Reichwald, R.; Zäh, M.** (Individualisierte Produkte), 2006, S. 106

[9] vgl. **Düttmann, D.** (Schnabel aus 3D-Drucker), 2016

[10] vgl. **McCutcheon, R.** (The new shape of industrial manufacturing), 2014, S. 1

[11] vgl. **VDI Verein Deutscher Ingenieure** (Statusreport AM), 2014, S. 18

[12] vgl. **ebenda** (Statusreport AM), 2014, S. 5

Insbesondere die Weiterentwicklung sogenannter Desktop-3D-Drucker des mittleren Preissegments stellt nach CAMPBELL ET AL. einen wichtigen Trend dar und beseitigt die Investitions-Hemmschwelle. Die Tatsache, dass kleinere Unternehmen sich mit dieser Technologie beschäftigen, hat die Weiterentwicklung beschleunigt und zu einer *Demokratisierung der Produktionstechnik* geführt.[13]

Gerade Desktop-3D-Drucker sind häufig jedoch nicht mit komplexen Regelungsalgorithmen zur Sicherstellung einer gleichbleibend hohen Produktqualität ausgestattet[14]. So identifizieren CAMPBELL ET AL. die variierende Qualität von Bauteilen, die mit unterschiedlichen 3D-Druckern des gleichen Typs hergestellt wurden, als eine der Hauptherausforderungen für additive Fertigungsprozesse.[15]

Dass das Potenzial additiver Fertigungsverfahren in der Industrie bislang nur unzureichend ausgeschöpft ist, belegt auch eine Studie der Firma Pricewaterhouse Coopers (PWC), in der mehr als 100 Produktionsunternehmen, von kleinen Zulieferern bis hin zu Großunternehmen, befragt wurden[16]. Haupteinsatzgebiet sei demnach immer noch die schnelle und ressourceneffiziente Herstellung von Prototypen. Zahlreiche Beispiele aus der Forschung belegen jedoch die Möglichkeit, additive Fertigungsverfahren zu späteren Zeitpunkten des Produktentstehungsprozesses einzusetzen. Nachdem additive Fertigungsverfahren anfänglich hauptsächlich zur Herstellung von Prototypen eingesetzt wurden (Rapid Prototyping), wird ein Trend beobachtet, dass ebenfalls Werkzeuge für Spritzgussverfahren (Rapid Tooling) oder finale Produkte (Rapid Manufacturing) auf diese Weise hergestellt werden. GEBHARDT nennt dies die Entwicklung vom *Prototyper zum Fabricator.*[17]

Laut eines Statusreports des VDI aus 2014 sind additive Fertigungsverfahren auf dem Weg, zu gleichwertigen Produktionstechnologien neben Mehrachs-Bearbeitungsmaschinen und Spritzgussanlagen zu werden[18]. Der PWC-Studie zufolge gibt jedoch lediglich ein kleiner Teil der befragten Unternehmen an, additive Verfahren bereits in der Produktion zu verwenden. Das eingangs erwähnte Komplexitätsproblem findet sich auch in der Umfrage als eines der Hauptprobleme wieder. Ein Grund für die weiterhin genannte ungewisse Qualität der mittels

[13] vgl. **Campbell, T.; Williams, C.; Ivanova, O.; Garrett, B.** (Strategic Report), 2015, S. 5

[14] vgl. **VDI Verein Deutscher Ingenieure** (3D-Druck ist für die Serie noch zu langsam), 2015

[15] vgl. **Campbell, T.; Williams, C.; Ivanova, O.; Garrett, B.** (Strategic Report), 2015, S. 8

[16] vgl. **McCutcheon, R.** (The new shape of industrial manufacturing), 2014, S. 2ff

[17] vgl. **Gebhardt, A.** (Generative Fertigungsverfahren), 2007, VII

[18] vgl. **VDI Verein Deutscher Ingenieure** (Statusreport AM), 2014, S. 2

additiver Verfahren produzierten Bauteile ist der Unterschied im Materialverhalten bei gedruckten im Vergleich zu konventionell bearbeiteten Teilen[19]. Neben zu hohen Anschaffungskosten werden in der PWC-Studie zwei Hauptprobleme (>45% der befragten Unternehmen) identifiziert:[20]

A. Mangelnde Erfahrung bzw. fehlendes Know-how des Unternehmens im Umgang mit additiven Fertigungsverfahren sowie Schwierigkeiten, geeignetes, fähiges Personal zu finden, wodurch die technologischen Potenziale nur unzureichend ausgenutzt werden können.

B. Unsicherheit bei der Qualität der produzierten Bauteile

Zusammenfassend aus der PWC-Studie, dem Wohlers Report 2014 sowie dem Statusreport des VDI lässt sich das Kernproblem beschreiben, durch die allgemein hohe Komplexität, die additiven Verfahren inhärent ist und das fehlende Know-how, um diese zu beherrschen. Das ist insbesondere für die Überwachung und Steuerung des Prozesses notwendig, da der Automatisierungsgrad additiver Fertigungstechnologien noch nicht ausgereift ist. Die Ausbildung von Personal zu Experten für ein entsprechendes additives Fertigungsverfahren stellt dabei insbesondere für kleine und mittelständische Unternehmen ein Problem dar, da häufig entsprechende Personalkapazitäten, Weiterbildungsbudgets und auch notwendige Softwareschnittstellen fehlen. Die mangelnde Kenntnis der komplexen Zusammenhänge führt schließlich zu den Bedenken hinsichtlich einer unsicheren Bauteilqualität.

1.2 Zielsetzung

Die Zielsetzung der vorliegenden Arbeit ist die Realisierung einer Parameteroptimierung eines additiven Fertigungsprozesses. Genauer ausgedrückt wird das Ziel verfolgt, durch eine bessere Parametrisierung, additive Fertigungsverfahren besser beherrschen zu können, um das Ergebnis des betrachteten Prozesses hinsichtlich verschiedener Zielgrößen zu optimieren. Mithilfe von Expertenwissen und Experimenten wird zunächst Prozesswissen aufgebaut und in Modellen formalisiert. Die verwendeten Modelle sind im Grunde mathematische Gleichungen, die die Zusammenhänge zwischen Parametern und Zielgrößen beschreiben. Das Wissen in Form von Modellen erlaubt die Prädiktion des Prozessoutputs bei gegebenem Input. In einem zweiten Schritt werden die Modelle genutzt, um das inverse Problem der Parametrisierung des betrachteten Systems zu lösen. Dies geschieht an einem beispielhaften additiven

---

[19] vgl. **McCutcheon, R.** (The new shape of industrial manufacturing), 2014, S. 3; **Lee, J.; Huang, A.** (Fatigue analysis of FDM materials), 2013, S. 293

[20] vgl. **McCutcheon, R.** (The new shape of industrial manufacturing), 2014, S. 2ff; **Wohlers, T.** (Wohlers Report), 2014, S. 191f; **VDI Verein Deutscher Ingenieure** (Statusreport AM), 2014, S. 12

Fertigungsprozess. Um das Problem der fehlenden Experten in kleinen und mittelständischen Unternehmen zu adressieren, wird eine geeignete Schnittstelle (Human-Machine Interface HMI) realisiert, die es einem Nutzer erlaubt, das in Form der Modelle vorhandene Prozesswissen zu nutzen sowie Zielgrößen und Rahmenbedingungen anzupassen. Nachdem das Problem induktiv gelöst wurde, wird eine Übertragung der Vorgehensweise auf weitere Anwendungsfälle geprüft.

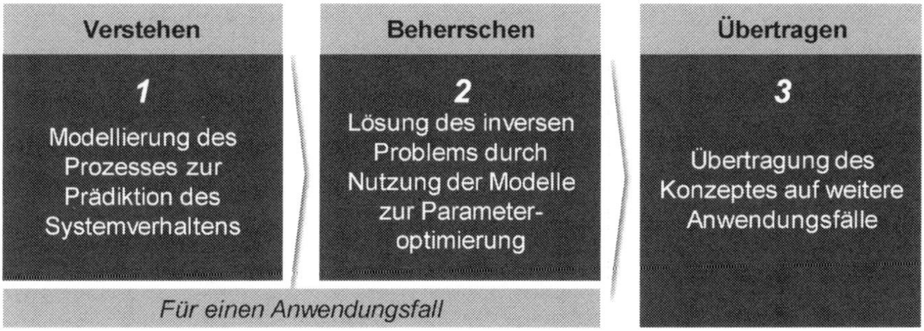

Abbildung 1-1: Drei Schritte zur Beherrschung komplexer Technologien (eigene Abbildung)

1.3 Verortung, angewandte Forschungsmethodik und Aufbau der Arbeit

Zur Verortung der Arbeit ist es wichtig zu verstehen, dass die betrachtete Problemstellung und auch die zu entwickelnde Lösung für dieses Problem aus einer *Interaktion von Hardware, Software und dem Menschen* besteht. ROPOHL spricht in diesem Zusammenhang von Soziotechnischen Systemen:

ROPOHL argumentiert, dass ein Computer erst dann ein wirklicher Computer wird, wenn er zum Teil einer Mensch-Maschine-Einheit geworden ist. Wenn beispielsweise Text geschrieben wird, geschieht das durch eine Interaktion zwischen Mensch und Maschine. Es ist nicht alleine der Mensch aber auch nicht alleine der Computer, der den Text schreibt. Da zudem in der Realisierung eines Computers ebenfalls die Arbeit anderer Menschen enthalten ist, bezeichnet er diese Einheit als Soziotechnisches System.[21]

[21] vgl. **Ropohl, G.** (Allgemeine Technologie), 2009, S. 58f

Der Begriff des Soziotechnischen Systems enthält zwei Komponenten: die technische Komponente, wie zum Beispiel Maschinen, die etwas produzieren und die soziale Komponente, die in diesem Beispiel durch den Maschinenbediener dargestellt wird.[22]

Eng verwandt ist der Begriff des Informationssystems (engl.: information system): Nach GABRIEL ist ein Informationssystem ein computergestütztes Anwendungssystem d. h. ein Softwaresystem zur Ausführung betrieblicher Aufgaben. Im weiteren Sinne umfasst der Begriff zum einen die technische Seite (Hard- und Software), als auch die Menschen, die die Technik nutzen und die Anwendungen, für die sie genutzt werden.[23]

Eine weitere Definition begreift Informationssysteme als Kombination aus Hardware, Software, Infrastruktur und geschultem Personal, organisiert, um innerhalb einer Organisation zu planen, regeln, koordinieren und Entscheidungen zu treffen.[24]

Zur Einordnung der vorliegenden Arbeit werden folglich ebenfalls ein Hardwaresystem als Anwendungsfall, der Mensch der mit dem System interagiert und eine entsprechende Software betrachtete, die zum einen Prozesswissen in Form von Modellen enthält und zum anderen die Schnittstelle zwischen System und Mensch darstellt (Human-Machine Interface).

Nach ULRICH lassen sich die Wissenschaften in zwei Hauptbereiche unterteilen, die Formal- und die Realwissenschaften (vgl. Abbildung 1-2). Die Formalwissenschaften befassen sich hauptsächlich mit der Konstruktion von Sprachen, d. h. Zeichensystemen und deren Verwendung[25]. Zu ihnen gehören beispielsweise die Philosophie, Logik und Mathematik. Die Realwissenschaften befassen sich hingegen mit der Beschreibung, Erklärung und Gestaltung von realen Phänomenen, die empirisch wahrnehmbar sind[26].

Sie unterteilen sich wiederum in reine Grundlagenwissenschaften, deren Ziel die Bildung von Erklärungsmodellen ist und zu denen die Naturwissenschaften zählen sowie die angewandte Handlungswissenschaft, die die Analyse menschlicher Handlungsalternativen beschreibt mit dem Ziel, soziale und technische Systeme zu gestalten. Die Sozialwissenschaften sind Teil der angewandten Handlungswissenschaften.[27]

---

[22] vgl. **Herrmann, T.; Kunau, G.; Loser, K.-U.** (SWemBzGsS), 2002, S. 323; **Gluchowski, P.; Gabriel, R.; Dittmar, C.** (Management-Support-Systeme), 2008, S. 2ff

[23] vgl. **Gabriel, R.** (Informationssystem), 2013

[24] vgl. **BusinessDictionary** (Information system), 2016

[25] vgl. **Kornmeier, M.** (Wissenschaftstheorie und wissenschaftliches Arbeiten), 2007, S. 98

[26] vgl. **ebenda** (Wissenschaftstheorie und wissenschaftliches Arbeiten), 2007, S. 14

[27] vgl. **Ulrich, P.; Hill, W.** (Wissenschaftstheoretische Grundlagen), 1976, S. 304f

In der vorliegenden Arbeit wird ein technisches System betrachtet, über dessen Verhalten, bei den involvierten Personen (Bedienern) nur ungenügendes Wissen existiert. Da sich demnach die vorliegende wissenschaftliche Arbeit an der Schnittstelle zwischen Mensch und Maschine befindet und es sich folglich um ein Soziotechnisches System handelt, lässt sie sich auch in die von ULRICH vorgeschlagene Unterteilung in den Bereich zwischen Natur- und Sozialwissenschaften einordnen.

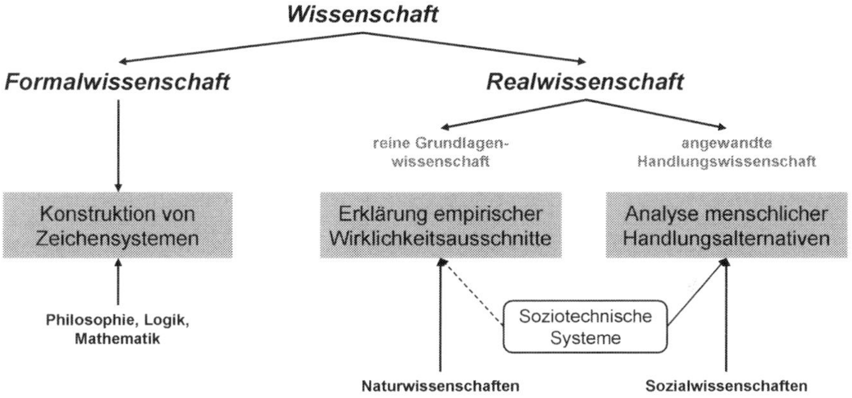

Abbildung 1-2: Einteilung der Wissenschaften nach ULRICH[28]

Die vorliegende wissenschaftliche Arbeit orientiert sich dazu an der von HEVNER entwickelten Methodik des *Design Science Research in Information Systems (DSRIS)*, die sich wiederum zurückführen lässt auf Arbeiten von SIMON[29].

SIMON motivierte die Entwicklung von systematischen und formalisierten Design-Methodiken, die in vielen Bereichen wie der Architektur, den Ingenieurwissenschaften, der Stadtplanung, der Medizin oder der Informatik anwendbar sind. Ziel ist dabei die Entwicklung von innovativen Lösungen für praxisnahe Probleme, durch die Verknüpfung von Ansätzen der Informatik und der realen Welt. Dieses systematische Designen fasst er unter dem Begriff des *Design Science* zusammen, der bereits vorher von FULLER ET AL. eingeführt wurde.[30]

[28] **ebenda** (Wissenschaftstheoretische Grundlagen), 1976, S. 305

[29] vgl. **Hevner, A.; Salvatore T.; Jinsoo P.; Sudha R.** (Design Science in Information Systems Research), 2004, S. 77

[30] vgl. **Simon, H.** (The sciences of the artificial), 1996, 47, 28, 99; **Baldwin, C.; Clark, K.** (Design rules), 2000, S. 72ff; **Banathy, B.** (Designing social systems), 1996, S. 3f

HEVNER ET AL. entwickeln die Idee weiter unter dem Begriff des *Design Science Research in Information Systems*. Informationssysteme werden in Organisationen implementiert mit dem Ziel, Effektivität und Effizienz zu erhöhen. Die Handhabung des Informationssystems, die Charakteristika der Organisation, die Zusammenarbeit zwischen Mensch und Maschine und die Methodiken der Implementierung bestimmen den Grad, zu dem diese Ziele erreicht werden.[31]

HEVNER ET AL. entwickeln keinen detaillierten Prozess für das Design von Informationssystemen, identifizieren jedoch die drei *Design Science Forschungszyklen*. Diese ordnen sie in das bereits vorher von ihnen dargestellte Rahmenwerk zur Erforschung von Informationssystemen, Verhaltenswissenschaften und Design Science Ansätzen ein. Dies entspricht erneut der beschriebenen Mensch-Maschine-Schnittstelle.[32]

Sie unterteilen ihr Rahmenwerk in drei grundsätzliche Bereiche: die Umgebung (Environment), das Design (Information System Research) und die Wissensbasis (Knowledge base) (vgl. Abbildung 1-3). Die Umgebung definiert dabei den betrachteten Problemraum[33]. Darin enthalten sind die betroffenen Personen, die Organisation sowie deren Technologien. Daraus ergeben sich auch die Ziele, Aufgaben und Probleme der Organisation in Verbindung mit den Personen und der Technologie, woraus sich die praktische Relevanz der Forschung motiviert. Im zweiten Bereich, dem Design, befinden sich zwei komplementäre Bausteine des Rahmenwerks, das Entwickeln und Evaluieren von Konzepten, Modellen oder Technologien, die die identifizierten Probleme und Herausforderungen der Umwelt adressieren. Der dritte Bereich, die Wissensbasis, beinhaltet bisherige Erkenntnisse, Methodiken, Referenzprojekte, Modelle, etc. in dem betrachteten Problem- und Aufgabenbereich, auf dem die neuen Entwicklungen bestenfalls aufbauen.[34]

Die drei Forschungszyklen befinden sich zum einen an den beiden Schnittstellen zwischen Umwelt und Design (Relevanz-Zyklus) sowie Design und Wissensbasis (Rigor-Zyklus) und zum anderen innerhalb des Design Bausteins zwischen Entwicklung und Evaluierung (Design-Zyklus). Der Aufbau der vorliegenden wissenschaftlichen Arbeit lässt sich in diese drei Zyklen des Ordnungsrahmens nach HEVNER übertragen.

---

[31] **Hevner, A.; Chatterjee, S.** (Design Research in Information Systems), 2010, S. 5ff

[32] **ebenda** (Design Research in Information Systems), 2010, S. 16ff; **Hevner, A.; Salvatore T.; Jinsoo P.; Sudha R.** (Design Science in Information Systems Research), 2004, S. 77

[33] **Simon, H.** (The sciences of the artificial), 1996, S. 108

[34] **Hevner, A.; Salvatore T.; Jinsoo P.; Sudha R.** (Design Science in Information Systems Research), 2004, S. 80

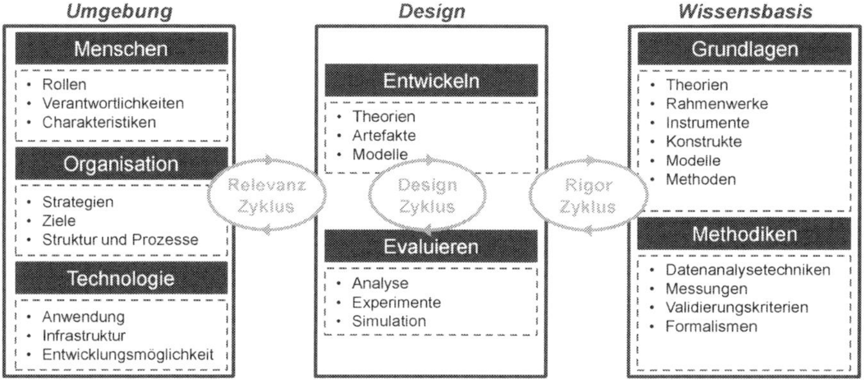

Abbildung 1-3: Ordnungsrahmen zur Entwicklung von Informationssystem nach HEVNER mit drei Forschungszyklen[35]

Der Relevanzzyklus motiviert die Entwicklung von innovativen Informationssystemen, den dazu benötigten Prozessen und entsprechenden Evaluationskriterien für die Auflösung des zuvor skizzierten Problems von Mensch, Organisation und Technologie[36]. Im ersten Kapitel wird dazu mit der Ausgangssituation, der Problemstellung und der Zielsetzung eingeleitet. Die Motivation der Arbeit folgt dabei aus einer steigenden Komplexität und nicht-Beherrschung von Technologien, welche ein praktisches Problem von Organisationen, Menschen und entsprechenden Technologien darstellt.

Zur Entwicklung wird im Rigor Zyklus auf eine breite Wissensbasis von Theorien und Methoden zurückgegriffen. Existierende Experimente und Erfahrungen sowie Technologien und Prozesse repräsentieren den aktuellen Stand der Technik, auf dem jede weitere Entwicklung basiert. Im zweiten Kapitel werden die notwendigen wissenschaftlichen und theoretischen Grundlagen geschaffen, das erkannte Problem umfänglich zu erfassen, indem die drei Objektbereiche *Mathematische Optimierung,* zur Parametrisierung des betrachteten Systems, *Modellbildung,* zum Verständnis des Systemverhaltens und *additive Fertigungsverfahren,* als betrachtete Technologien, eingeführt werden. So wie bisherige Erkenntnisse genutzt werden, so enthält der Rigor Zyklus ebenfalls das Zurückführen neuer Konzepte, Methoden, Modelle etc. in die Wissensbasis und den Beitrag des Projektes.[37] Im dritten Kapitel erfolgt eine Recherche

---

[35] vgl. **Hevner, A.; Chatterjee, S.** (Design Research in Information Systems), 2010, S. 20

[36] vgl. **Helfert, M.; Donnellan, B.** (Paods), 2012, S. 4f; **Hevner, A.; Chatterjee, S.** (Design Research in Information Systems), 2010, S. 17

[37] vgl. **Livari, J.** (Analysis of Information Systems), 2007, S. 50f;

Hevner, A.; Chatterjee, S. (Design Research in Information Systems), 2010, S. 17f

zum aktuellen Stand der Erkenntnisse der modellbasierten Optimierung, insbesondere in Bezug zu additiven Fertigungsverfahren.

Aus der erkannten Problemstellung des Umfelds und dem bisherigen Stand der Erkenntnisse aus der Wissensbasis wird die wissenschaftliche und wirtschaftliche Fragestellung noch einmal konkretisiert und eine mögliche Lösungshypothese formuliert (Relevanz und Rigor Zyklus).

Der Design Zyklus beinhaltet die eigentliche Entwicklung neuer Systeme und deren experimentelle Evaluation in einem iterativen Prozess. Wichtig ist zu verstehen, dass die Vorgaben dabei aus dem Relevanz Zyklus kommen und die benötigten Methoden aus dem Rigor Zyklus. Im vierten Kapitel werden Modelle anhand verschiedener Konzepte entwickelt und evaluiert (Design Zyklus) und im fünften Kapitel weiterentwickelt, zur Parameteroptimierung des betrachteten Prozesses genutzt und in eine geeignete Mensch-Maschine-Schnittstelle (HMI) übertragen.

Im sechsten Kapitel wird das gesamte Konzept einer erneuten Evaluierung unterzogen, bezogen auf einzelne Modelle (Design Zyklus) sowie auch auf die gewünschte Auflösung des praktischen Problems aus Organisation, Mensch und Technologie (Relevanz Zyklus), bevor im siebten Kapitel eine Generalisierung der benutzten Vorgehensweise geprüft wird mit dem Ziel, sie auf weitere Anwendungsfälle übertragen zu können.

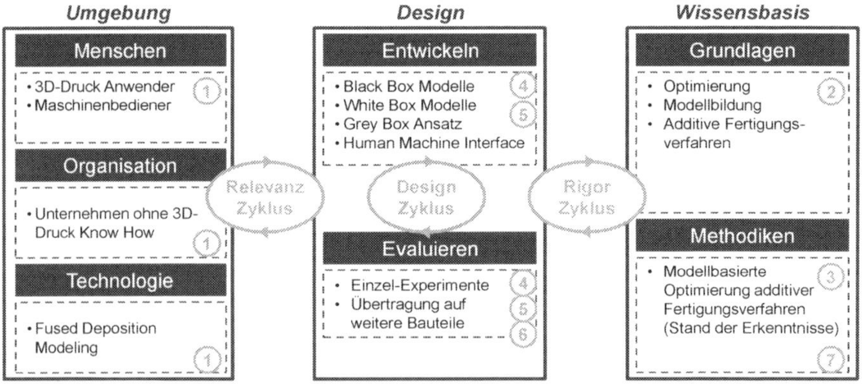

Abbildung 1-4: Ordnungsrahmen zur Entwicklung von Informationssystem nach HEVNER an der Kapitelstruktur gespiegelt[38]

[38] vgl. **ebenda** (Design Science Research in Information Systems), 2010, S. 20

Die Zusammenhänge zwischen dem Ordnungsrahmen nach HEVNER und der Struktur dieser Arbeit sind in Abbildung 1-4 in Form einer Einordnung der einzelnen Kapitel zusammengefasst.

Die anhand des Ordnungsrahmens zu entwickelnden Modelle erfüllen dabei zwei Aufgaben die den in Kapitel 1.2 dargestellten ersten beiden Schritten aus Verstehen und Beherrschen (vgl. Abbildung 1-1) entsprechen. Beim Durchlaufen des Designzyklus und folglich beim Entwickeln der Modelle werden verschiedene Phasen der Datenanalyse nach TROITZSCH und GARTNER durchlaufen: beschreibende (descriptive), diagnostische (diagnostic), prädiktive (preditive) und präskriptive (prescriptive) Analyse (Abbildung 1-5).[39]

Beschreibende Datenanalyse ist die Auswertung von Informationen mit dem Ziel, das Verhalten beispielsweise eines Systems in Vergangenheit und Gegenwart darzustellen (Was ist geschehen?). Diagnostische Datenanalyse geht einen Schritt weiter und untersucht, warum ein System ein bestimmtes Verhalten aufweist. Ziel ist ein Verständnis der verschiedenen Einflüsse und Wirkzusammenhänge innerhalb des Systems (Warum ist es geschehen?). Im Rahmen dieser Arbeit werden in Kapitel 4 zunächst die benötigten Daten durch Experimente erzeugt. Die beschreibende und diagnostische Analyse werden bei der Modellbildung des betrachteten Systems angewandt, um das Verhalten zu verstehen, Haupteinflussgrößen zu identifizieren und vernachlässigbare Faktoren aus der weiteren Betrachtung auszuschließen. Ergebnis sind Modelle, die das Verhalten zwischen beeinflussbaren Stellgrößen und betrachteten Zielgrößen durch mathematische Zusammenhänge darstellen und ein Verständnis des Systems schaffen. Diese Modelle werden im Anschluss genutzt um Vorhersagen über die Zukunft zu treffen, was in den Bereich der prädiktiven Analyse fällt. Auf Basis von Wissen über die Stellgrößen, kann das Ergebnis in Form der Ausprägung der Zielgrößen vorhergesagt werden (Was wird geschehen?). Präskriptive Datenanalyse erweitert diesen Ansatz indem das System gezielt manipuliert wird, um ein bestimmtes Ereignis zu erreichen (Wie können wir es geschehen lassen?). Dies geschieht in Kapitel 5, um zu untersuchen, welche Ausprägungen Stellparameter aufweisen müssen, wenn ein bestimmtes Ergebnis in Form der Zielwerte erreicht werden soll.[40]

Beim Durchlaufen der vier Bereiche steigen sowohl die Schwierigkeit zur Durchführung der jeweiligen Analyse, als auch der daraus zu erwartende Nutzen.[41]

---

[39] vgl. **Rose Technologies** (Descriptive Diagnostic Predictive Prescriptive Analytics), 2013;

[40] vgl. **Troitzsch, K.** (Modellbildung und Simulation), 1990, S. 1f; **Gartner IT Glossary** (Predictive Analytics), 2015

[41] vgl. **Delen, D.; Olson, D.** (Advanced data mining techniques), 2008, S. 5ff;

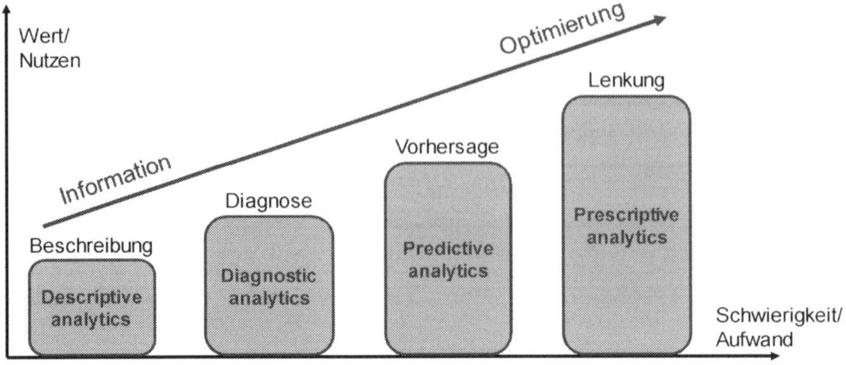

Abbildung 1-5: Vier Phasen der Datenanalyse[42]

Zusammenfassend ist das Ziel die Entwicklung von Beschreibungsmodellen für verschiedene Zielgrößen auf Basis der Stellgrößen und die anschließende Parameteroptimierung eines additiven Fertigungsverfahrens. Mithilfe der Modelle lässt sich das Systemverhalten vorhersagen (Predictive analytics) und in einem zweiten Schritt durch eine Parametrisierung mithilfe geeigneter mathematischer Optimierungsalgorithmen gezielt beeinflussen (Prescriptive analytics). Aus der Zieldefinition leitet sich folglich eine Einschränkung des Betrachtungsraumes auf den Bereich der *modellbasierten Optimierung additiver Fertigungsverfahren* ab. Im nächsten Kapitel folgt daher zunächst eine Betrachtung verschiedener Optimierungsaufgaben und eine entsprechende Einordnung des betrachteten Problems, woraus eine Betrachtung von Verfahren der Modellbildung und eine anschließende Fokussierung auf einen additiven Fertigungsprozess folgt.

[42] vgl. **Gartner IT Glossary** (Predictive Analytics), 2015

2 Terminologie und Eingrenzung der Untersuchung

Im vorliegenden Kapitel werden die Grundlagen geschaffen, die im Folgenden für die modellbasierte Optimierung eines additiven Fertigungsverfahrens benötigt werden. Dazu werden drei Objektbereiche betrachtet: *Mathematische Optimierung, Modellbildung* und *additive Fertigungsverfahren*. Im Objektbereich *Mathematische Optimierung* (Kapitel 2.1) werden verschiedene Verfahren der Optimierung vorgestellt, bis hin zu konkreten mathematischen Optimierungsproblemen. Dabei wird die vorliegende Problemstellung in einen entsprechenden Bereich der Optimierung eingeordnet. Da für die Realisierung der Parameteroptimierung modellbasierte Verfahren verwendet werden, werden im Anschluss im Objektbereich *Modellbildung* (Kapitel 2.2) verschiedene Möglichkeiten der Modellbildung eingeführt mit dem Ziel, geeignete Methoden zu identifizieren. Abschließend werden im Objektbereich *additive Fertigungsverfahren* (Kapitel 2.3) die gängigen Verfahren vorgestellt, nach verwendetem Material strukturiert und ein Verfahren für die weitere Betrachtung ausgewählt.

2.1 Objektbereich Mathematische Optimierung

Optimierungsaufgaben lassen sich überall finden. So schreiben NOCEDAL UND WRIGHT[43]:

Menschen optimieren: Investoren versuchen Portfolios zu kreieren, um übermäßiges Risiko zu vermeiden bei maximalem Gewinn. Ingenieure optimieren das Design ihrer Produkte und produzierende Unternehmen maximieren die Effizienz ihrer Produktionsprozesse.

Natur optimiert: Physikalische Systeme tendieren zu einem Status der minimalen Energie. Moleküle in einem isolierten System interagieren so lange miteinander, bis die totale potenzielle Energie ihrer Elektronen minimiert ist. Lichtstrahlen folgen Pfaden, die ihre Reisezeit minimieren.

Produktionsprozesse müssen heutzutage mehrere Zielgrößen erfüllen. So steigen die Ansprüche an eine konstant zu erzeugende Produktqualität, die gleichzeitig bei minimalen Kosten in einer minimalen Zeit realisiert werden muss. Um diesen Zielkonflikt aufzulösen, müssen die Prozessparameter optimal eingestellt werden. Insbesondere vor dem Hintergrund hoher Investitionen, die Unternehmen in ihre Maschinen und Anlagen tätigen, wird eine optimale Parametrisierung unumgänglich. Zur Optimierung der Prozessparameter ist ein umfassendes Prozesswissen notwendig.[44]

Die Schwierigkeit der Optimierung besteht im Fall der vorliegenden Arbeit in der Verbindung aus einer relativ neuen und komplexen Technologie, gepaart mit nur wenig Experten Knowhow bei gleichzeitig steigendem Druck bezüglich der Zielgrößen Qualität, Kosten und Zeit. Das

---

[43] vgl. **Nocedal, J.; Wright, S.** (Numerical optimization), 2006, S. 1

[44] vgl. **Rao, R.** (Advanced Modeling and Optimization of Manufacturing Processes), 2011, S. 3

folgende Kapitel gibt zunächst zu Beginn eine kurze Übersicht zu allgemeinen Ansätzen der Prozessoptimierung. Anschließend werden konkrete mathematische optimierungsaufgaben zunächst klassifiziert bevor auf konkrete Lösungen des Optimierungsproblems eingegangen wird. Zunächst stellt sich die Frage, was unter einem Prozess zu verstehen ist. WINTER versteht unter einem Prozess die Gesamtheit aufeinander einwirkender Vorgänge innerhalb eines Systems. Dies beinhaltet die Transformation, das Speichern und Transportieren von Materialien, Energien und Informationen zu neuen Formen[45]. MAU definiert einen Prozess als eine Struktur aus Aufgaben mit logischen Folgen, die einen messbaren Input und Output besitzt[46].

Bei der Optimierung von Prozessen existieren zahlreiche Ansätze vor allem aus dem amerikanischen, japanischen und deutschen Raum. Die Methode des *Business Process Reengineering* wurde vor etwa zwanzig Jahren entwickelt und die Kernidee ist dabei, dass alle Geschäftsprozesse auf den Kunden ausgerichtet sein müssen, das Unternehmen sich auf seine Kernkompetenzen konzentriert und dazu verstärkt Informationstechnologien einsetzt[47]. Das *Total Quality Management* ist ein Managementkonzept, das das Qualitätsdenken und -bewusstsein als grundsätzliche Philosophie eines Unternehmens verkörpert. Der Qualitätsorientierte Ansatz wird von der Entwicklung, Konstruktion, Produktion, Kundendienst und von allen Mitarbeitern getragen mit dem Ziel, die Qualität von Produkten und Dienstleistungen des Unternehmens nachhaltig zu verbessern[48]. Der Begriff des *Lean Management* beschreibt die konsequente Anwendung von verschiedenen Prinzipien, Methoden und Maßnahmen mit dem Ziel, die gesamte Wertschöpfungskette von Produkten und Dienstleistungen effektiv und effizient planen und kontrollieren zu können. Dabei werden strategische (langfristige), taktische (mittelfristige) und operative (kurzfristige) Ansätze betrachtet[49]. Der *Kaizen* Ansatz (aus dem Japanischen: Kai = Veränderung, Zen = zum Besseren, Kaizen = kontinuierliche Verbesserung) ist ein qualitätsfokussiertes Managementkonzept und beinhaltet im Wesentlichen fünf zentrale Ideen: Prozessorientierung, Kundenorientierung, Qualitätsorientierung, Problemorientierung und Standardisierung. Es betrachtet dabei alle Prozesse von der Produktidee über die Entwicklung, Fertigung bis zum Vertrieb und legt Wert auf die stetige Weiterentwicklung

---

[45] vgl. **Winter, E.** (Prozess), 2016

[46] vgl. **Mau, M.** (Supply Chain Management), 2003, S. 49

[47] vgl. **Mohapatra, S.** (Business process reengineering), 2013, S. 5ff; **Schnetzer, R.** (Business Process Reengineering), 1999, S. 39ff

[48] vgl. **Oess, A.** (Total Quality Management), 1989, S. 89f; **Dahlgaard, J.; Kristensen, K.; Kanji, G.** (Fundamentals of total quality management), 1998, S. 17ff

[49] vgl. **Gitlow, H.** (Lean six sigma management), 2009, S. 2ff; **Müller, K.** (Management für Ingenieure), 1995, S. 381ff

der Mitarbeiter[50]. *Six Sigma* ist ein weiterer Ansatz zur Prozessverbesserung. Dabei steht der Begriff *Sigma* für den griechischen Buchstaben σ, der mathematisch die Standardabweichung einer Grundgesamtheit und damit die Abweichungen eines Prozesses von seinem Mittelwert repräsentiert. Die Prozessoptimierung zielt auf die Reduzierung von Streuungen und geschieht entlang des DMAIC-Zyklus (Define, Measure, Analyse, Improve, Control) [51].

Die skizzenhaft dargestellten Methoden sind Ansätze zur Prozessoptimierung[52]. Sie zielen hauptsächlich auf die Optimierung von übergeordneten Geschäftsprozessen, beinhalten jedoch auch Methoden zur Optimierung einzelner Fertigungsprozesse. Mit dem Ziel Technologien und Prozesse zu beherrschen eng verknüpft, ist die Aufgabe, diese optimal zu parametrisieren. Die Wahl der Prozessparameter spielt eine entscheidende Rolle bei der Sicherstellung einer hohen Produktqualität in angemessener Zeit bei gleichzeitig niedrigen Produktionskosten. Der im Rahmen dieser Arbeit verfolgte Ansatz nutzt zur Optimierung geeignete Prozessmodelle. Zunächst werden dazu im nächsten Kapitel das grundsätzliche Optimierungsproblem und verschiedene Klassifikationen vorgestellt.[53]

2.1.1 Optimierungsproblem und Klassifikation

Im Bereich der Optimierung ist es das Ziel, aus allen zulässigen Lösungen die beste Lösung für ein gegebenes Problem zu finden. Grundsätzlich kann dies durch eine exakte analytische Lösung des Problems geschehen, was jedoch häufig sehr aufwendig oder gar nicht möglich ist. Neben Heuristiken, auf Erfahrung beruhenden Verfahren zur Bestimmung von guten aber nicht exakten Lösungen, werden dazu häufig sogenannte iterative Verfahren verwendet, die in dieser Arbeit betrachtet werden.[54]

---

[50] vgl. **Nagamachi, M.; Lokman, A.** (Innovations of kansei engineering), 2011, S. 23ff; **Saeed, K.; Nagashima, T.** (Biometrics and Kansei Engineering), 2012, S. 173ff

[51] vgl. **Pfeifer, T.; Schmitt, R.** (Masing Handbuch Qualitätsmanagement), 2014, S. 252ff; **Gitlow, H.** (Lean six sigma management), 2009, S. 2; **Pande, P.; Neuman, R.; Cavanagh, R.** (Pande et al. 2014), 2014, S. 19ff

[52] vgl. **Zeidler, S.** (Methoden der Prozessoptimierung), 2010

[53] vgl. **Rao, R.** (Advanced Modeling and Optimization of Manufacturing Processes), 2011, S. 1

[54] vgl. **Dahmen, W.; Reusken, A.** (Numerik), 2008, S. 2ff; **Fink, A.; Rothlauf, F.** (Heuristische Optimierungsverfahren), S. 2

So lassen sich zahlreiche Fragestellungen aus der Mathematik, den Natur- und Ingenieurwissenschaften auf ein Maximierungs- bzw. Minimierungsproblem zurückführen[55]:

$$min/max\{F(x)|x \in M\} \tag{1}$$

Dabei ist *F* die Zielfunktion, *M* ist der zulässige Bereich der Variable *x* und gesucht ist ein $\hat{x}$, das die Zielfunktion maximiert bzw. minimiert. Offensichtlich ist $min\{F(x)|x \in R\}$ gleichwertig zu $max\{-F(x)|x \in R\}$, wodurch die Betrachtung des Minimierungsproblems an dieser Stelle ausreichend ist.[56]

Ziel dieses Kapitels ist die Identifikation eines geeigneten Verfahrens des betrachteten Minimierungsproblems. Da je nach Anwendungsfall unterschiedlichste Optimierungsverfahren existieren, muss das bis hierhin sehr allgemein gestellte Problem weiter spezifiziert werden. Es existieren verschiedenste Ansätze zur Klassifizierung von Optimierungsproblemen. An dieser Stelle werden die von NOCEDAL UND WRIGHT vorgeschlagenen Unterteilungen verwendet. So wird unterschieden zwischen *deterministisch/stochastisch*, *kontinuierlich/diskret*, *restringiert/nicht restringiert* oder *global/lokal*.[57]

Kontinuierliche vs. diskrete Optimierung

Von diskreten Problemen wird gesprochen, wenn der Parameter *x* lediglich diskrete Werte als zulässige Lösung annehmen darf. Dies können zum Beispiel ganzzahlige Werte aber auch abstraktere Lösungsräume sowie Permutationen einer geordneten Menge sein. Ist das Ziel einer Optimierung beispielsweise zu bestimmen, wie viele Maschinen des Typs A und wie viele des Typs B beschafft werden sollen, so kommen nur ganze Zahlen als Lösung in Frage. Da diese Bedingung eine Einschränkung des Lösungsraums darstellt, sind kontinuierliche Probleme, bei denen die Variable beliebige reelle Zahlenwerte annehmen darf, meist einfacher zu lösen. Es wird in diesem Zusammenhang bei den betrachteten Lösungsalgorithmen auch vom Integer Programming gesprochen. Einige Löser vereinfachen das diskrete zunächst auf ein

---

[55] vgl. **Kistner, K.-P.** (Optimierungsmethoden), 1993, S. 1; **Eiselt, H.; Sandblom, C.-L.** (Operations Research), 2012, S. 14; **Gritzmann, P.** (Grundlagen der Mathematischen Optimierung), 2013, S. 1f

[56] vgl. **Eiselt, H.; Sandblom, C.-L.** (Operations Research), 2012, S. 14; **Gritzmann, P.** (Grundlagen der Mathematischen Optimierung), 2013, S. 2

[57] vgl. **Nocedal, J.; Wright, S.** (Numerical optimization), 2006, S. 5ff; **Diwekar, U.** (Applied optimization), 2008, S. 7

kontinuierliches Problem und überprüfen anschließend die Gültigkeit der gefundenen Lösung für den diskreten Bereich.[58]

Restringierte vs. nicht restringierte Optimierung

Eine weitere mögliche Klassifikation von Optimierungsproblemen ist, ob es Einschränkungen bezüglich der Variable gibt. Restringierte Probleme besitzen Nebenbedingungen, die ebenfalls erfüllt werden müssen, damit die Lösung gültig ist. Solch eine Nebenbedingung kann beispielsweise die oben beschriebene Diskretheit der Lösung sein, andere Einschränkungen bezüglich des zulässigen Parameterbereichs oder Gleichungssysteme, die durch die Lösung erfüllt sein müssen. In Abhängigkeit der Nebenbedingung lässt sich das Optimierungsproblem noch weiter klassifizieren (linear/nicht linear, differenzierbar/nicht differenzierbar etc.).[59]

Das Minimierungsproblem aus (1) wird erweitert um eine Restriktionsfunktion:

$$\begin{aligned} &min/max\{F(x)|x \in M\} \\ &s.d.: g(x)\ R\ b \\ &f(x): Zielfunktion \\ &g(x): Restriktionsfunktion \\ &R: Beziehung\ (\leq, \geq, oder =) \\ &b = Schranke \end{aligned} \tag{2}$$

Globale vs. lokale Optimierung

Viele Optimierungsalgorithmen suchen lediglich nach einer lokalen Lösung für das Problem, anstatt nach einem globalen Optimum. Dies ist für viele Anwendungsfälle ausreichend und ist meist verbunden mit deutlich kürzeren Rechenzeiten des Verfahrens. Für lineare Probleme gilt, dass lokale Minima auch automatisch globale Minima sind. Bei nichtlinearen Problemen verhindert das Vorhandensein von lokalen Minima häufig das Finden des globalen Minimums, da viele Algorithmen nicht aus den „lokalen Tälern" entkommen können (Abbildung 2-1).[60]

---

[58] vgl. **Gritzmann, P.** (Grundlagen der Mathematischen Optimierung), 2013, S. 35; **Nocedal, J.; Wright, S.** (Numerical optimization), 2006, S. 5; **Diwekar, U.** (Applied optimization), 2008, S. 77f

[59] vgl. **Nocedal, J.; Wright, S.** (Numerical optimization), 2006, S. 6; **Alevras, D.; Padberg, M.** (Linear Optimization), 2001, S. 39ff; **Geiger, C.; Kanzow, C.** (Numerische Verfahren), 1999, S. 2

[60] vgl. **Imboden, D.; Koch, S.** (Systemanalyse), 2003, S. 137; **Nocedal, J.; Wright, S.** (Numerical optimization), 2006, S. 6; **Geiger, C.; Kanzow, C.** (Numerische Verfahren), 1999, S. 3

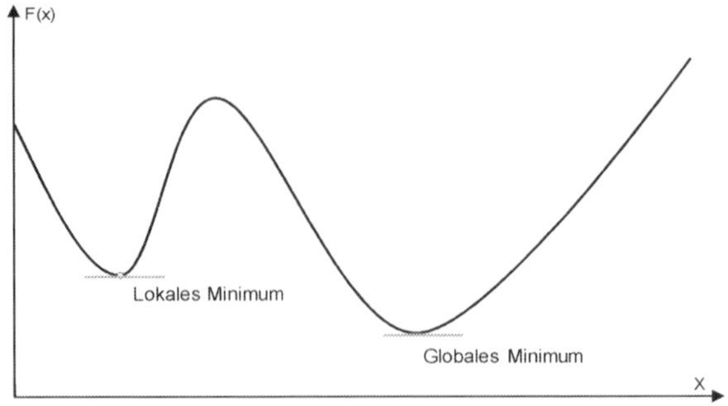

Abbildung 2-1: Zielfunktion mit lokalem und globalem Minimum

Deterministische vs. stochastische Optimierung

Ein Problem, das in manchen Fällen auftritt ist, dass die zu optimierende Funktion zum Zeitpunkt der Problemformulierung nicht vollständig bekannt ist. Dies tritt häufig bei ökonomischen oder finanzplanerischen Problemen auf, die zum Beispiel auf zukünftigen Marktwachstumszahlen beruhen. Eine Möglichkeit zur Lösung solcher Probleme ist die Schätzung der bisher unbekannten Werte auf Basis von Erfahrung und Expertenwissen. Eine weitere Möglichkeit beinhaltet die Betrachtung mehrerer Fälle für den unbekannten Faktor und die Angabe einer Wahrscheinlichkeit, mit der diese Fälle eintreten werden. Bei solchen stochastischen Problemen muss die Wahrscheinlichkeitsverteilung der Variable bekannt sein.[61]

Lineare vs. nichtlineare Optimierung

Eine weitere Unterscheidung besteht zwischen linearen und nichtlinearen Problemen. Sind die Optimierungsfunktion und auch die Nebenbedingung linear, so wird von linearen Problemen gesprochen. Die Funktion hat dann die Form $F(x) = ax + b$. Solche Probleme sind die am meisten formulierten und gelösten Probleme insbesondere in den Bereichen Management, Finanzen und Ökonomie. Nichtlineare Probleme, d. h. Probleme bei denen die Optimierungsfunktion oder mindestens eine Nebenbedingung nichtlinear ist, treten dagegen häufig in den Natur- und Ingenieurwissenschaften auf, wenn beispielsweise komplexe technische Systeme beschrieben werden.[62]

---

[61] vgl. **ebenda** (Numerische Verfahren), 1999, S. 2; **Nocedal, J.; Wright, S.** (Numerical optimization), 2006, S. 7; **Marti, K.; Ermol'ev, I.; Pflug, G.** (Dynamic stochastic optimization), 2004

[62] vgl. **Imboden, D.; Koch, S.** (Systemanalyse), 2003, S. 43; **Geiger, C.; Kanzow, C.** (Numerische Verfahren), 1999, S. 220; **Diwekar, U.** (Applied optimization), 2008, S. 11f; **ebenda** (Applied optimization), 2008, S. 41f

Das adressierte Problem der vorliegenden wissenschaftlichen Arbeit lässt sich wie folgt einordnen: Für die zu optimierenden Parameter gibt es bestimmte vordefinierte Bereiche. Einerseits müssen die gefundenen Werte physikalisch sinnvoll sein, zum anderen lassen sich die Bereiche auf Basis von Untersuchungen noch weiter einschränken (restringierter Problem). Die Lösungen sind weiterhin nicht auf diskrete Werte angewiesen (kontinuierliches Problem). Es wird außerdem davon ausgegangen, dass zum Zeitpunkt der Problemformulierung keine Unbekannten vorhanden sind und auch keine Messfehler in die Optimierung einbezogen werden sollen (deterministisches Problem). An dieser Stelle sei vorweggenommen, dass die betrachtete Optimierungsaufgabe ein nichtlineares Problem darstellt. Gesucht werden Verfahren zur Optimierung nichtlinearer, restringierter, kontinuierlicher, deterministischer Probleme. Im Folgenden wird daher der Bereich der nichtlinearen Optimierung näher betrachtet.

2.1.2 Nichtlineare Optimierung

Gegenstand der Untersuchung ist das Problem aus Gleichung (2), wobei entweder die Optimierungsfunktion *F* oder eine der Nebenbedingungen *g* nichtlinear ist. Aufgrund der daraus resultierenden Vielzahl unterschiedlicher Aufgaben existiert bisher keine einheitliche Theorie zur Lösung nichtlinearer Probleme. Im Gegenteil, die Summe möglicher Lösungsverfahren ist außerordentlich groß.[63]

Eine analytische Lösung der betrachteten Probleme ist dabei nur selten möglich bzw. mit hohem Rechenaufwand verbunden. Daher werden meist iterative Verfahren verwendet, die die Lösung Schritt für Schritt annähern und auf die exakte Bestimmung einer Lösung verzichten.[64]

Wie bereits erwähnt kann mit solchen Verfahren nicht zwingend das globale Minimum $\hat{x}$ gefunden werden. Stattdessen ist das Ziel lokale Minima $\tilde{x}$ zu finden. Diese lassen sich wie folgt definieren:

Der Punkt $\tilde{x}$ heiße lokales Minimum von *F* auf *M*, wenn es eine ϵ-Umgebung $U_\epsilon(\tilde{x})$ gibt, so dass $F(\tilde{x}) \leq F(x)$ gilt, für alle $x \in U_\epsilon(\tilde{x})$.

Somit wird ausgehend von einer nicht optimalen Startlösung x^0 mit $F(x^0) > F(\tilde{x}) \geq F(\hat{x})$ iterativ versucht, bessere Lösungen zu finden. Es wird in jedem Schritt *k* gefordert, dass

$$F(x^{k+1}) < F(x^k) \tag{3}$$

---

[63] vgl. **ebenda** (Applied optimization), 2008, S. 41f; **Zimmermann, H.-J.** (Operations research), 2008, S. 188f; **Hendrix, E.; G.-Tóth, B.** (Nonlinear and Global Optimization), 2010, S. 14

[64] vgl. **ebenda** (Nonlinear and Global Optimization), 2010, S. 14; **Zimmermann, H.-J.** (Operations research), 2008, S. 194ff; **Reinhardt, R.; Hoffmann, A.; Gerlach, T.** (Nichtlineare Optimierung), 2013, S. 24

erfüllt ist, so dass im Grenzfall x^k gegen ein Minimum konvergiert[65]:

$$\lim_{k \to \infty} x^k = \tilde{x} \tag{4}$$

Zur Bestimmung der x^{k+1} auf Basis der x^k müssen eine Suchrichtung s^k und eine Schrittweite α^k bestimmt werden[66]:

$$x^{k+1} = x^k + \alpha^k s^k \tag{5}$$

Mit dem Ziel, in jedem Iterationsschritt den Funktionswert zu verringern und letztendlich ein Minimum zu erreichen, lassen sich sogenannte Abstiegsverfahren definieren. Solche Verfahren lassen sich durch einen Prinzipalgorithmus in fünf Schritten darstellen[67]:

Schritt 0: Wähle $x^0 \in IR$ und setze $k := 0$

Schritt 1: Wenn $\nabla F(x^k) = 0$, dann STOPP

Schritt 2: Ermittle Abstiegsrichtung s^k von *F* im Punkt x^k

Schritt 3: Ermittle Schrittweite $\alpha^k > 0$ mit $F(x^k + \alpha^k s^k) < F(x^k)$

Schritt 4: Setze $x^{k+1} := x^k + \alpha^k s^k$, $k = k + 1$ und gehe zu *Schritt 1*

Bei der Berechnung der optimalen Schrittweite muss ein Kompromiss gefunden werden zwischen Rechenzeit und Genauigkeit. Eine kleine Schrittweite erlaubt die exaktere Berechnung des Optimums, führt allerdings zu höheren Rechenzeiten und umgekehrt. Eine Lösung dieses Problems ist die Definition einer variablen Schrittweite, die sich je nach Iterationsschritt anpasst. Dazu wird die Abstiegs- und Krümmungsbedingung definiert (auch Armijo Bedingung genannt), nach der das α^k derart gewählt werden muss, so dass gilt[68]:

$$F(x^k + \alpha^k s^k) \leq F(x^k) + c_1 \alpha^k \nabla F(x^k)^T s^k \tag{6}$$

Die Bedingung bedeutet Folgendes: Vom Funktionswert an der Stelle x^k wird eine Gerade gezogen mit einer Steigung, die proportional zur Schrittweite und der Richtungsableitung ist

---

[65] vgl. **Graichen, K.** (Optimierung), 2015, S. 24

[66] vgl. **ebenda** (Optimierung), 2015, S. 24f

[67] vgl. **Reinhardt, R.; Hoffmann, A.; Gerlach, T.** (Nichtlineare Optimierung), 2013, S. 100

[68] vgl. **ebenda** (Nichtlineare Optimierung), 2013, S. 113f; **ebenda** (Nichtlineare Optimierung), 2013, S. 120f

(vgl Abbildung 2-2). Zulässige Schrittweiten sind all solche, bei denen der resultierende Funktionswert unterhalb der Geraden liegt die den Funktionswert bei x^k schneidet und deren Steigung durch das Produkt aus Ableitung an der Stelle x^k und die Konstante $c_1 \in (0, 1)$ definiert ist.

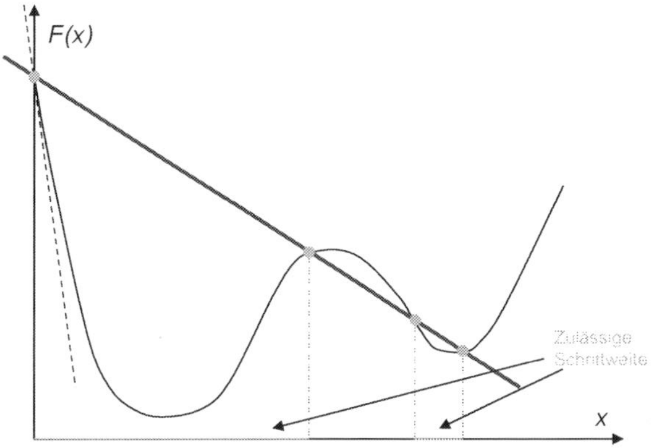

Abbildung 2-2: Abstiegs- und Krümmungsbedingung

Nachdem eine Bedingung für die Schrittweite definiert wurde, gilt es die Suchrichtung zu bestimmen. Eine Methode, auf der zahlreiche Verfahren beruhen, ist die des steilsten Abstiegs. Solche Verfahren heißen Gradientenverfahren und basieren auf dem Differential der Funktion.[69]

Zur Bestimmung der Schrittweite verwenden Gradientenverfahren den negativen Gradienten an der Stelle x^k:

$$s^k = -\nabla F(x^k) \tag{7}$$

Bevor der Prinzipalgorithmus um diese Ideen erweitert wird, muss noch das Stoppkriterium modifiziert werden. Dies ist notwendig, da die beschriebenen Verfahren das Optimum, sei es lokal oder global, nur annähern und nie exakt die Nullstelle der Ableitung treffen. Um trotzdem Konvergenz zu garantieren, wird daher das Stoppkriterium wie folgt angepasst:

$$\|\nabla F(x^k)\| \leq \varepsilon \tag{8}$$

[69] vgl. **Dahmen, W.; Reusken, A.** (Numerik), 2008, S. 290; **Reinhardt, R.; Hoffmann, A.; Gerlach, T.** (Nichtlineare Optimierung), 2013, S. 192

Die Bedingung bedeutet, dass der Gradient der Funktion *F* im Punkt x^k eine hinreichend kleine Grenze ε unterschreiten muss, damit der Algorithmus konvergiert. Da jedoch auch diese Bedingung nicht in jedem Fall erfüllt werden kann, werden zusätzliche Stoppkriterien definiert[70]:

- Überschreiten einer maximalen Anzahl Iterationen
- Überschreiten einer Anzahl von Funktionswertberechnungen
- Überschreiten einer Rechenzeit
- Unterschreiten eines Abstandes von zwei aufeinanderfolgenden Punkten
- Unterschreiten eines Funktionswertes

Nachdem Schrittweite, Suchrichtung und Stoppkriterien weiter spezifiziert wurden, kann der bereits vorgestellte Prinzipalgorithmus um diese Eigenschaften erweitert werden[71]:

Schritt 0: Wähle $x^0 \in IR$ und setze $k := 0$.

Schritt 1: Wenn $\nabla F(x^k) = 0$ (oder weiteres Stoppkriterium erfüllt), dann STOPP.

Schritt 2: Ermittle Abstiegsrichtung $s^k = -\nabla F(x^k)$

Schritt 3: Ermittle Schrittweite $\alpha^k > 0$

mit $F(x^k + \alpha^k s^k) \leq F(x^k) + c_1 \alpha^k \nabla F(x^k)^T s^k$ und $c_1 \in (0, 1)$

Schritt 4: Setze $x^{k+1} := x^k + \alpha^k s^k$, $k = k + 1$ und gehe zu *Schritt 1*

In Abbildung 2-3 ist diese Vorgehensweise grafisch dargestellt. Zu erkennen ist, dass ausgehend von einem Startpunkt (hier: Punkt 1 und Punkt 2) immer in die Richtung des steilsten Abstiegs fortgeschritten wird und das bei variabler Schrittweite. Zu erkennen ist weiterhin, dass je nach Wahl des Startpunkts das Ergebnis variiert. Bei Wahl von Punkt 2 als Startpunkt wird lediglich ein lokales Minimum gefunden, wohingegen bei Wahl des Punkt 1 als Startpunkt das globale Minimum gefunden wird.

Um trotzdem ein globales Minimum zu finden, wurde das sogenannte Multistart-Verfahren entwickelt, bei dem mehrere Startpunkte gewählt, auch mehrere Minima bestimmt und anschließend verglichen werden. Dabei können die Startpunkte zufällig über den Parameterraum verteilt oder aus Voruntersuchungen bekannte aussichtsreiche Startwerte gewählt werden.

---

[70] vgl. **ebenda** (Nichtlineare Optimierung), 2013, S. 90; **Graichen, K.** (Optimierung), 2015, S. 75; **Zimmermann, H.-J.** (Operations research), 2008, S. 188ff

[71] vgl. **Reinhardt, R.; Hoffmann, A.; Gerlach, T.** (Nichtlineare Optimierung), 2013, S. 100

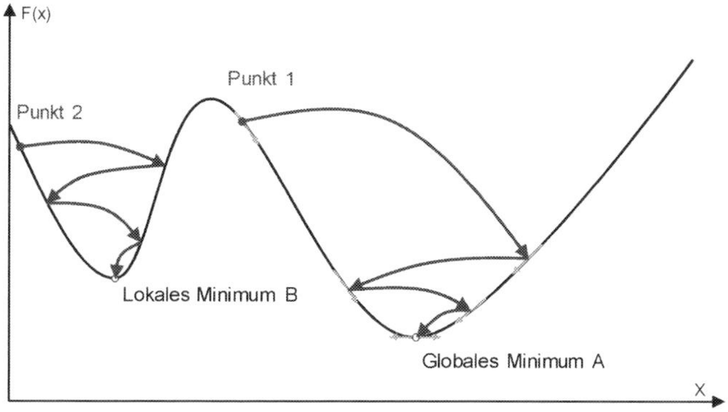

Abbildung 2-3: Prinzipdarstellung eines Gradientenverfahrens mit variabler Schrittweite

Als letztes Thema dieses Kapitels sei die Optimierung mit mehreren Zielgrößen genannt. Die vorgestellten Verfahren suchen immer das Minimum bzw. mehrere Minima für eine Zielfunktion *F*. Im Rahmen dieser Arbeit werden jedoch für die Parameteroptimierung der betrachteten Prozesse mehrere Zielgrößen betrachtet. Es existieren mehrere Zielfunktionen F_i für die Minima gefunden werden müssen. Problematisch ist dabei die Tatsache, dass diese nur in den seltensten Fällen an den gleichen Parametereinstellungen vorliegen werden. Anders ausgedrückt, jede Zielfunktion F_i besitzt ein x_i^k, für das gilt:

$$argmin\{F_i(x)|x \in M\} = x_i^k$$
$$\text{mit } x_i^k \neq x_j^k \text{ für alle } i,j \in IN, i \neq j \tag{9}$$

Ein möglicher Ansatz zur Auflösung dieses Zielkonfliktes besteht in der Idee, die verschiedenen Zielfunktionen mit skalaren Koeffizienten zu gewichten und anschließend die gewichtete Summe der Zielgrößen zu minimieren:

$$min\left\{\sum_i w_i F_i(x)\,|x \in M\right\} \tag{10}$$

Auf die genaue Definition und Umsetzung dieser Gewichtungsfunktion wird in Kapitel 5.3 im Detail eingegangen. Zu erwähnen sei an dieser Stelle noch, dass bei der Gewichtung die verschiedenen Skalen der Zielfunktionen in Abhängigkeit der physikalischen Einheit beachtet werden müssen. Es macht daher Sinn, die Zielfunktionen zu normieren.

Zwischenfazit

Im vorangegangen Kapitel wurde zunächst das mathematische Problem der Optimierung einer Zielfunktion definiert. Es wurden verschiedene Verfahren der Optimierung vorgestellt und das Optimierungsproblem auf den Bereich der nichtlinearen Optimierung eingegrenzt, welches durch ein Gradientenverfahren gelöst wird. Nachdem ein Prinzipalgorithmus für iterative Verfahren zur Bestimmung von Minima vorgestellt wurde, wurden weitere Spezifika wie die Wahl der Schrittweite und der Suchrichtung sowie Stoppkriterien vorgestellt definiert und der Algorithmus weiter konkretisiert. Abschließend wurde die Optimierung von Problemen mit mehreren Zielgrößen adressiert.

Bisher wurde stets von zu optimierenden Zielfunktionen F_i gesprochen. Bei diesen Funktionen handelt sich im betrachteten Anwendungsfall um Modelle von additiven Fertigungsverfahren. Wie sich diese Funktionen in Form von Modellen generieren lassen, wird im anschließenden Kapitel 2.2 vorgestellt. Es werden dabei verschiedenen Methoden der Modellbildung erläutert, die entweder auf empirischen Daten oder auf theoretischen Überlegungen beruhen.

2.2 Objektbereich Modellbildung

Zunächst werden die Begriffe der Komplexität technischer Systeme sowie des Modells und der Modellbildung erörtert. Im Allgemeinen lassen sich Modelle unterscheiden nach dem Grad des strukturellen Vorwissens. Daher werden im Anschluss verschiedene physikalische und empirische Verfahren der Modellbildung verfolgt.[72]

2.2.1 Begriffsdefinitionen

Komplexe Systeme

In der Systemtheorie beschreibt der Begriff der Komplexität die nicht völlig fassbare Vielfalt der Verhaltensmöglichkeiten eines Systems. Verantwortlich dafür sind nach LUHMANN die Anzahl und Verschiedenheit der Elemente innerhalb des Systems sowie deren Relationen. LUHMANN argumentiert, dass ein Komplexitätsgefälle zwischen dem System und seiner Umwelt existiert, wobei die Komplexität der Umwelt stets größer ist, als die des Systems. Die Lösung, wie eine planende Instanz damit umgehen kann, besteht in der Vereinfachung, Technisierung, Abstraktion und in der Bildung von Modellen, um Systeme über diese Modelle zu steuern.[73]

PATZAK definiert die Komplexität als strukturelles Merkmal, um die Überschaubarkeit, den Umfang, die Handlichkeit und die innere Vermaschung von Systemen zu beschreiben. Für ihn bedeutet Komplexität demnach zusammenhängend als auch vielumfassend.[74]

---

[72] vgl. **Schröder, D.** (Intelligente Verfahren), 2010, S. 245f

[73] vgl. **Luhmann, N.** (Einführung in die Systemtheorie), 2008, S. 168

[74] vgl. **Patzak, G.** (Systemtechnik), 1982, S. 22

BRUNS beschreibt darauf aufbauend die Komplexität, wie bereits in der Einleitung erwähnt, als die Eigenschaften Varietät und Konnektivität. Die Varietät definiert die Anzahl und Art der vorhandenen Elemente in einem System und die Konnektivität die Art und Anzahl von Verbindungen zwischen den Elementen innerhalb des Systems.[75]

Modellbildung

Eine der ältesten Beschreibungen der Modellbildung geht auf PLATON zurück. In seinem *Höhlengleichnis* beschreibt er Gefangene, die in einer Höhle so angekettet sind, dass sie nur nach vorne auf die Höhlenwand blicken können. Hinter ihnen befindet sich ein großes Feuer. Menschen bewegen dreidimensionale Objekte zwischen dem Feuer und den Gefangenen so hin und her, dass diese Schatten auf die Wand werfen. Die Gefangenen kennen nur den Blick auf die Höhlenwand und nehmen daher an, dass es sich dabei um die Realität handelt. In Wirklichkeit stellen die Schatten natürlich ein vereinfachtes zweidimensionales Modell der Wirklichkeit dar.[76]

Ein weiteres Beispiel der Modellbildung aus der Antike geht auf EUXODOS zurück, der als erster versucht hat, ein geometrisches Modell zur Beschreibung der Planetenbahnen aus seinen Beobachtungen abzuleiten und damit den Ursprung der wissenschaftlichen Astronomie definiert.[77]

STACHOWIAK definiert den Modellbegriff zunächst als *Abbild* von etwas oder als *Repräsentation* eines Originals und definiert für das Modell drei Hauptmerkmale.[78]

1. Das Abbildungsmerkmal sagt aus, dass Modelle stets Modelle von etwas sind, z. B. Abbildungen, Repräsentationen natürlicher oder künstlicher Originale, die selbst wieder Modelle sein können.
2. Das Verkürzungsmerkmal beschreibt, dass Modelle im Allgemeinen nicht alle Eigenschaften des durch sie repräsentierten Originals beinhalten, sondern nur die, die denjenigen, die das Modell erschaffen oder verwenden als sinnvoll oder nützlich erscheinen.
3. Das pragmatische Merkmal besagt, dass Modelle ihren Originalen nicht per se eindeutig zugeordnet sind. Stattdessen erfüllen sie ihre Ersetzungsfunktion innerhalb bestimmter Zeitintervalle unter Einschränkung auf bestimmte gedankliche oder tatsächliche Operationen.

[75] vgl. **Bruns, M.** (Systemtechnik), 1991, S. 54

[76] vgl. **Apelt, O.** (Der Staat), 2010, S. 2ff

[77] vgl. **Froese, N.** (Euxodos), 2015, S. 3

[78] vgl. **Stachowiak, H.** (Allgemeine Modelltheorie), 1973, S. 209

Zusammenfassend lässt sich sagen, dass Modelle von STACHOWIAK verstanden werden als Abbildungen der Wirklichkeit, die jedoch vereinfacht sind und ihrem Original nicht eindeutig zugeordnet.

TROITZSCH beschreibt den Prozess der Modellbildung in drei Phasen[79]:

1. Datenanalyse: Phase, in der Beobachtungen, die über die Realität gemacht werden, zunächst geordnet werden.
2. Modellbildung: Konstruktion eines Abbilds der Realität, so dass mit diesem Abbild in den zum Zeitpunkt relevanten Aspekten, ähnliche Beobachtungen erzielt werden, wie in der Realität.
3. Datenerhebung: Phase, in der Beobachtungen, die am Modell gemacht wurden, einer Prüfung in der Realität unterzogen werden. Dieser Punkt entspricht der Validierung des Modells.

Nach GOODMANN wird der Begriff des Modells sehr undifferenziert verwendet und MÜLLER argumentiert, dass fast alle Wissenschaftsdisziplinen durch die Verwendung von Modellen eine Abstraktion und Vereinfachung realer Objekte zu erreichen versuchen mit dem Ziel der Reduktion von Komplexität.[80]

Im Rahmen dieser Arbeit wird ein Modell verstanden als eine vereinfachende Abbildung der Wirklichkeit. Ziel der Verwendung von Modellen ist es, komplexe technische Systeme zu beschreiben, besser zu verstehen und zu kontrollieren (siehe Kapitel 3.3).

Im folgenden Kapitel werden einige grundlegende Methoden und Techniken der Modellbildung beschrieben. Ziel wird es sein, geeignete Methoden der Modellbildung für den betrachteten Anwendungsfall auszuwählen. Dabei wird zunächst grundsätzlich unterschieden zwischen empirischen (Black Box) Modellen, die auf Daten aus Experimenten beruhen, und physikalischen (White Box) Modellen, die ausschließlich auf physikalischen Zusammenhängen und theoretischen Überlegungen beruhen.[81]

2.2.2 Physikalische Modellbildung (White Box)

White Box Modelle basieren auf einer theoretischen Analyse des Verhaltens des betrachteten (technischen) Systems. Es werden physikalische und geometrische Gleichungen aufgestellt und die Modellstruktur ist bekannt. Da niemals alle physikalischen Zusammenhänge bei der Modellbildung betrachtet werden können, stellen solche Modelle stets eine Vereinfachung der

---

[79] vgl. **Troitzsch, K.** (Modellbildung und Simulation), 1990, S. 1

[80] vgl. **Goodman, N.** (Sprachen der Kunst), 1997, S. 164; **Müller, J.** (Dynamische Modellbildung), 1986, S. 11

[81] vgl. **Isermann, R.; Münchhof, M.** (Identification of Dynamic Systems), 2011, S. 1f

Wirklichkeit dar. Der Erstellungsaufwand ist umso höher, je mehr physikalische Einflüsse betrachtet werden.[82]

„Modelle sollten so einfach wie möglich sein. Aber nicht einfacher." (A. Einstein)[83]

Nach diesem Zitat von EINSTEIN ist bei der Erstellung von White Box Modellen stets entscheidend, welcher Grad an Genauigkeit bei der Abbildung der physikalischen Wirkzusammenhänge erforderlich ist und somit, welche Einflüsse betrachtet werden müssen und welche vernachlässigt werden können. Ein Beispiel für diese Tatsache ist die Verwendung der Newton'schen Gesetze anstelle der Relativitätstheorie oder Quantentheorie. Für die meisten praktischen Anwendungen ist diese Vereinfachung ausreichend und die erhöhte Präzision der modernen Theorien rechtfertigt den deutlich größeren Aufwand nicht. Auch wenn vollständiges Wissen über ein System im Idealfall vorhanden sein sollte, so muss eine exakte Beschreibung nicht unbedingt zielführend sein, da das resultierende Modell z. B. bezüglich Implementierungsaufwand und Rechenzeit ungeeignet für die praktische Anwendung sein kann.[84]

Für eine White Box Modellierung werden in den meisten Fällen Gleichungen eines oder mehrerer der folgenden vier Typen verwendet: Erhaltungssätze (z. B. Masse, Energie oder Impuls), statische physikalische oder chemische Gleichungen (reversible Ereignisse wie z. B. Newton'sche Gesetze), phänomenologische Gleichungen (irreversible Ereignisse wie z. B. Reibung oder Wärmetransfer) und Verbindungsgleichungen (z. B. Momentengleichgewichte).[85]

Eine Vorgehensweise zur Erstellung von White Box Modellen nach ISERMANN ist in Abbildung 2-4 gegeben. Diese besteht darin, dass nach vereinfachenden Annahmen die physikalischen Gleichungen aufgestellt werden und das theoretische Modell bilden. Nachdem dieses eventuell weiter vereinfacht wurde, wird die Lösbarkeit und Rechenbarkeit überprüft. Ist diese nicht gegeben, beginnt der Zyklus von neuem, indem weiter vereinfacht wird.[86]

Diese theoretische Vorgehensweise lässt sich noch dadurch ergänzen, dass nicht nur die Validierung und Rechenbarkeit geprüft wird, bevor eine Entscheidung über weitere Vereinfachun-

---

[82] vgl. **Schröder, D.** (Intelligente Verfahren), 2010, S. 245; **Isermann, R.; Münchhof, M.** (Identification of Dynamic Systems), 2011, S. 1f

[83] vgl. **Einstein, A.** (Gutzitiert), 2016

[84] vgl. **Schröder, D.** (Intelligente Verfahren), 2010, S. 245f; **Keesman, K.** (System identification), 2011, S. 12; **Isermann, R.; Münchhof, M.** (Identification of Dynamic Systems), 2011, S. 3f

[85] vgl. **ebenda** (Identification of Dynamic Systems), 2011, S. 3

[86] vgl. **ebenda** (Identification of Dynamic Systems), 2011, S. 4

gen getroffen wird, sondern dass auch praktische Überlegungen, wie Implementierungsaufwand oder die Rechenzeit, die ein Algorithmus zur Lösung des Modells benötigt, eine Rolle spielen. So wird bei der Lösung praktischer Probleme stets abzuwägen sein, zwischen dem Aufwand, in diesem Fall dem Erstellungsaufwand und der Rechenzeit, und dem Nutzen, in diesem Fall der Zuwachs an Genauigkeit des Modells, wenn über weitere Vereinfachungen entschieden wird.

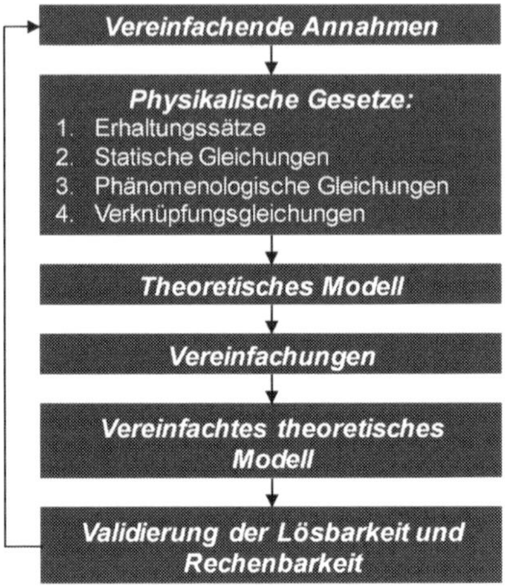

Abbildung 2-4: Vorgehensweise zur Erstellung physikalischer (White Box) Modelle[87]

2.2.3 Empirische Modellbildung (Black Box)

Die teils aufwendige theoretische Analyse des Systems zur Erstellung von White Box Modellen ist nicht immer erwünscht bzw. möglich. Hindernisse sind beispielsweise mangelnde Kapazitäten oder Unkenntnis über die physikalischen Zusammenhänge des betrachteten Systems oder Prozesses. In solchen Fällen macht es Sinn empirische Modelle zu nutzen, die auf experimentellen Daten beruhen und das Verhalten zwischen Ein- und Ausgangsgrößen durch Gewichtungsfunktionen abbilden.[88]

Grundsätzlich wird auch hier ein gewisses A-priori Wissen benötigt, um den Umfang des durchzuführenden Experiments eingrenzen zu können. Das Vorwissen betrifft Informationen

---

[87] vgl. **ebenda** (Identification of Dynamic Systems), 2011, S. 4

[88] vgl. **Neumann, C.; Jacob, D.; Burhenn, S.; Florita, A.; Burger, E.; Schmidt, F.** (Modellbasierte Methoden für die Fehlererkennung und Optimierung), 2011, S. 27; **Schröder, D.** (Intelligente Verfahren), 2010, S. 245

darüber, für welche Faktoren des betrachteten Systems ein Einfluss auf die Zielgrößen zu erwarten ist. Auf Basis der Anzahl der Faktoren und der zur Verfügung stehenden Ressourcen wird der Versuchsumfang geplant und das Experiment anschließend durchgeführt und ausgewertet. Bei der Auswertung werden für jede Zielgröße die Haupteinflussgrößen identifiziert, die Zusammenhänge zwischen den Stell- und Zielgrößen abgeleitet und in Modelle überführt.[89]

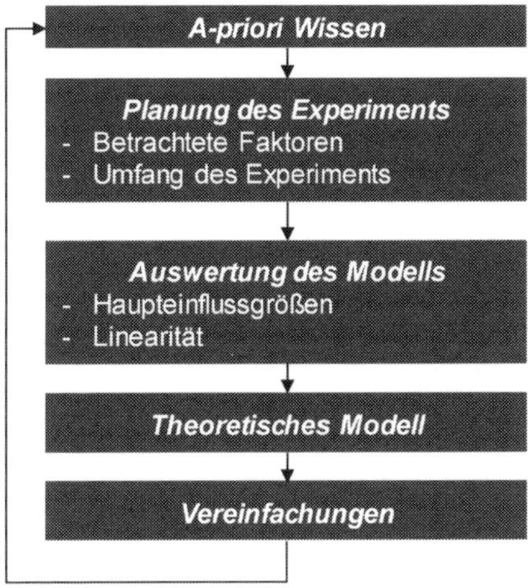

Abbildung 2-5: Vorgehensweise zur Erstellung empirischer (Black Box) Modelle[90]

Ein Vorteil, den Black Box Modelle gegenüber White Box Modellen aufweisen ist, dass das benötigte Systemwissen deutlich geringer ist und durch bereits relativ aufwandsarme Experimente Modelle erstellt werden können. Nachteilig ist, dass sich aus den Ergebnissen der Experimente zunächst keine Rückschlüsse auf das tatsächliche Systemverhalten schließen lassen, da aus Korrelation nicht Kausalität folgt. Ein weiterer Nachteil ist, dass Black Box Modelle prinzipiell nicht zur Extrapolation geeignet sind, das heißt nicht außerhalb des vorhandenen Datenbereichs verwendet werden können.[91]

Zur Bildung von Black Box Modellen aus empirischen Daten existieren in der Literatur verschiedene Ansätze. So sind dies zum Beispiel neuronale Netze, Fuzzylogik, lineare und quadratische Regressionsmodelle etc., auf die jedoch nicht alle im Detail eingegangen wird und

---

[89] vgl. **Isermann, R.; Münchhof, M.** (Identification of Dynamic Systems), 2011, S. 4

[90] vgl. **ebenda** (Identification of Dynamic Systems), 2011, S. 4

[91] vgl. **Neumann, C.; Jacob, D.; Burhenn, S.; Florita, A.; Burger, E.; Schmidt, F.** (Modellbasierte Methoden für die Fehlererkennung und Optimierung), 2011, S. 33

deren spezifische Eigenschaften in der entsprechenden Literatur nachgelesen werden können.[92] Stattdessen wird im Rahmen dieser Arbeit eine etablierte Methode der Datengenerierung und -analyse verfolgt, die diesen Prozess systematisiert: die *statistische Versuchsplanung* (engl.: Design of Experiments – DoE). Sie dient der effizienten Planung und Auswertung von Versuchsreihen.[93]

2.2.4 Zwischenfazit

Im den vorangegangenen Kapiteln wurden grundlegende Methoden der Modellierung eingeführt und nach White, Black und Grey Box Ansätzen unterschieden. Im Rahmen dieser Arbeit werden für bestimmte Zielgrößen Black und White Box Modelle erzeugt und zu Grey Box Modellen kombiniert, um deren jeweiligen Vorteile besser zu nutzen. Im folgenden Kapitel erfolgt eine Beschreibung additiver Fertigungsverfahren und anschließende Auswahl des im Rahmen dieser Arbeit zu betrachtenden Prozesses.

2.3 Objektbereich additive Fertigungsverfahren

2.3.1 Einordnung additiver Fertigungsverfahren

Gemäß der DIN 8580 teilen sich Fertigungsverfahren in sechs Hauptgruppen auf. Dies sind *Urformen*, *Umformen*, *Trennen*, *Fügen*, *Beschichten* und *Stoffeigenschaft ändern*. Diese sechs Hauptgruppen werden wiederum jeweils in zahlreiche Untergruppen aufgegliedert. Je nach verwendeten additiven Fertigungsverfahren kann eine Einordnung jedoch in verschiedene Kategorien erfolgen. So lässt sich der Stereolithographieprozess zum Beispiel der Untergruppe 1.1 *(Erstarren)*, Lasersintern der Untergruppe 4.6 (*Verschmelzen*) und das *Fused Deposition Modeling (FDM)* der Untergruppe 1.2 (*Extrudieren*) zuordnen (zur Erläuterung der genannten Verfahren siehe Kapitel 2.3.5. Additive Fertigungsverfahren lassen sich nicht zweifelsfrei einer der Hauptgruppen zuordnen. GEBHARDT empfiehlt daher die im angelsächsischen Raum weiter verbreitete Einteilung nach *subtraktiven Fertigungsverfahren*, die eine definierte Geometrie unter Verwendung eines Halbzeugs durch Abtragen von Material erzeugen, *formativen Fertigungsverfahren*, die eine Ausgangsgeometrie bei konstantem Volumen in eine definierte Geometrie umformen und *additiven Fertigungsverfahren*, die Gegenstand dieser Arbeit

---

[92] vgl. **Rao, R.** (Advanced Modeling and Optimization of Manufacturing Processes), 2011, S. 4ff; **Ross, T.** (Fuzzy logic), 2004, S. 10ff; **Heaton, J.** (Artificial intelligence for humans), 2015, S. 23ff

[93] vgl. **Oehlert, G.** (Design and analysis of experiments), 2000, S. 4; **Barrentine, L.** (Design of experiments), 1999, S. 3; **Siebertz, K.; van Bebber, D.; Hochkirchen, T.** (Design of Experiments (DOE)), 2010, S. 3ff;

sind, zu verwenden.[94] Additive Fertigungsverfahren bezeichnen Herstellungsverfahren, mit denen sich komplexe dreidimensionale Strukturen durch materialzuführende Aufbauprozesse realisieren lassen. Sie folgen dem Gedanken eines Auf- oder Aneinanderfügens von Volumenelementen bzw. des schichtweisen Aufbaus des Bauteils. Durch diese Verfahren können beispielsweise materialsparende Bienenwabenkonstruktionen sowie komplizierte Bauteil-Hinterschneidungen verbunden mit dem Einsatz mehrerer Materialien realisiert werden.[95] Neben der Herstellung kundenspezifisch angepasster Produkte ergeben sich weitere entscheidende Vorteile. Ein solcher Vorteil ist die Möglichkeit, kleine Losgrößen oder eine Pilotcharge einer Neuentwicklung durch den Wegfall notwendiger Werkzeuge zeitnah und kostengünstig zu erzeugen. Weiterhin vorteilhaft ist die Fertigung vor Ort, bei der ein Unternehmen Produkte in der Nähe des Kunden herstellt und Transportwege verkürzt werden. Zusammengenommen ermöglicht die Fertigung nach Bedarf und vor Ort eine Reduzierung der Lagerhaltung und -kosten durch die vereinfachte Produktion von Teilen wo und wann diese benötigt werden.[96] Die ersten Patente, die Verfahren für den schichtweise arbeitenden Aufbau von Bauteilen beschrieben, existierten bereits 1892, jedoch werden additive Verfahren erst seit 1986 erfolgreich in der Industrie eingesetzt. In den letzten Jahren wird zudem ein zunehmendes Interesse von Unternehmen an additiven Verfahren deutlich und es ist der Trend zu erkennen, solche Verfahren weiterzuentwickeln und im Prototypenbau, dem Werkzeugbau und der Produktion von Endprodukten einzusetzen.[97]

2.3.2 Physikalisch empirische Modellbildung (Grey Box)

Werden die beschriebenen Ansätze der empirischen und physikalischen Modellbildung kombiniert (Black und White Box), wird von einem Grey Box Modell gesprochen.[98]

In der Literatur werden drei verschiedene Ansätze dieser Kombination unterschieden. Zum einen kann eine solche Kombination derart realisiert werden, dass als Basis für das Modell

---

[94] vgl. **Gebhardt, A.** (Additive Manufacturing), 2013, S. 1; **DIN 8580** (DIN 8580), 2014; **Berger, U.; Hartmann, A.; Schmid, D.** (Additive Fertigungsverfahren), 2013, S. 10

[95] vgl. **Gebhardt, A.** (Additive Manufacturing), 2013, S. 1f; **Kellner, N.** (Materialsysteme für das pulverbettbasierte 3D-Drucken), 2016, S. 11ff; **VDI Verein Deutscher Ingenieure** (Statusreport AM), 2014, S. 4f; **Wohlers, T.** (Wohlers Report), 2014, S. 3ff; **Hagemann, F.; Zäh, M.** (Rapid-Technologien), 2006, S. 9; **Geuer, A.** (Rapid Prototyping in der Produktentwicklung), 1996, S. 30ff

[96] vgl. **Gebhardt, A.** (Additive Manufacturing), 2013, S. 16

[97] vgl. **Hagemann, F.; Zäh, M.** (Rapid-Technologien), 2006, S. 9; **VDI Verein Deutscher Ingenieure** (Statusreport AM), 2014, S. 18

[98] vgl. **Schröder, D.** (Intelligente Verfahren), 2010, S. 246

bekannte physikalische Zusammenhänge dienen und einige unbekannte Faktoren durch entsprechende Experimente spezifiziert werden (serielle Grey Box Struktur). Eine weitere Möglichkeit der Definition von Grey Modellen besteht darin, Black und White Box Modelle als geschlossene Systeme zu betrachten und nur deren Ergebnisse zu kombinieren (Parallele Grey Box Struktur). Die dritte Möglichkeit sieht ebenfalls die einzelne Betrachtung der Modelle vor. Allerdings werden hier die Ergebnisse nicht kombiniert, sondern ebenfalls einzeln weiterverarbeitet (isolierte Grey Box Struktur). Durch eine geeignete Kombination von Black und White Box Modellen können die jeweiligen Vorteile der Ansätze genutzt werden. So erlaubt der White Box Ansatz einen tieferen Einblick in die physikalischen Systemzusammenhänge, wobei sich der Modellierungsaufwand durch den Einsatz von empirischen Daten in Grenzen hält.[99]

Ein bekanntes Beispiel für eine Kombination aus physikalischem Prozesswissen und empirischen Daten ist die *Fuzzylogic*, eine Modellierungsmethode, die speziell das Vorhandensein von Unsicherheiten in Entscheidungsprozessen berücksichtigt. Sie wird häufig verwendet, wenn subjektives Wissen über den betrachteten Prozess sowie Expertenwissen zur Ableitung von funktionalen Zusammenhängen betrachtet wird.[100]

2.3.3 Begriffsdefinitionen

Im Kontext von additiven Fertigungsverfahren (abgeleitet aus dem Englischen *additive manufacturing*) existieren zahlreiche weitere Begriffe. Auf der technologischen Ebene ist im Deutschen der Begriff generative Fertigungsverfahren ebenfalls weit verbreitet. Weiterhin wird insbesondere umgangssprachlich häufig von 3D-Druck gesprochen. GEBHARDT geht davon aus, dass der Begriff 3D-Druck alle weiteren Begriffe zur Beschreibung aller automatisierten Schichtbauverfahren im Laufe der nächsten Jahre verdrängen wird, obwohl es sich dabei eigentlich um ein spezielles additives Fertigungsverfahren handelt[101]. Weitere gebräuchliche Begriffe sind in diesem Kontext zum Beispiel *Rapid Technologie* oder *Solid Freeform Fabrication*[102]. Wie bereits in der Einleitung erwähnt, wird je nach Einsatzzweck unterschieden zwischen Rapid Prototyping, Rapid Tooling und Rapid Manufacturing:

Rapid Prototyping

---

[99] vgl. **Neumann, C.; Jacob, D.; Burhenn, S.; Florita, A.; Burger, E.; Schmidt, F.** (Modellbasierte Methoden für die Fehlererkennung und Optimierung), 2011, S. 35ff

[100] vgl. **Rao, R.** (Advanced Modeling and Optimization of Manufacturing Processes), 2011, S. 6; **Verbruggen, H.; Zimmermann, H.-J.; Babuška, R.** (Fuzzy algorithms for control), 1999, S. 9ff

[101] vgl. **Gebhardt, A.** (Additive Manufacturing), 2013, S. 9

[102] vgl. **Beaman, J.** (Solid freeform fabrication), 1997, S. 1

Rapid Prototyping bezeichnet die Verwendung von additiven Fertigungsverfahren für die Herstellung von physischen Modellen und Prototypen. Die erstellten Modelle haben dabei meist bereits einige besonders wichtige Eigenschaften des späteren Bauteils. Es werden verschiedene Arten von Prototypen unterschieden: Die einfachsten Prototypen werden als Konzeptmodell oder auch Mock-Up bezeichnet und dienen meist nur der Visualisierung. Funktionsprototypen hingegen besitzen bereits einige Eigenschaften des späteren Bauteils und ihr Hauptzweck ist die Absicherung dieser Eigenschaften.[103]

Rapid Tooling

Beim *Rapid Tooling* werden additive Fertigungsverfahren zur Herstellung von Werkzeugen für ur- und umformende Prozesse, wie z. B. Gussformen genutzt. Während HAGEMANN UND ZÄH das *Rapid Tooling* als eigene Kategorie verstehen, unterteilt GEBHARDT es in *Rapid Tooling* und *Prototype Tooling*, die er dem *Rapid Prototyping* bzw. *Rapid Manufacturing* zuordnet.[104]

Rapid Manufacturing

Rapid Manufacturing bezeichnet die direkte Fertigung von Endprodukten mittels additiver Fertigungsverfahren, auch *Direct Manufacturing* genannt. Dabei werden meist aus Gründen der Wirtschaftlichkeit einzelne komplexe Bauteile oder Kleinserien gefertigt. Häufiges Problem ist dabei allerdings die Erreichung der geforderten mechanisch-technologischen Eigenschaften, Genauigkeiten und Kostenziele.[105]

2.3.4 Grundlagen additiver Fertigungsprozesse

Gemeinsames Merkmal additiver Verfahren ist der schichtweise Aufbau der gewünschten Geometrien. Dazu dient als Ausgangsbasis meist ein digitales 3D-Modell des Bauteils, das im nächsten Schritt durch Triangulation abgebildet und in dünne Schichten zerlegt wird, die dann im anschließenden Aufbauprozess nacheinander erzeugt werden.[106]

Triangulation

Unter der *Triangulation* wird verstanden, dass die in Form eins CAD-Modells definierte Bauteilgeometrie durch eine große Anzahl von Dreiecken und von der Geometrie wegzeigenden zugehörigen Normalenvektoren zur räumlichen Orientierung abgebildet wird. Je kleiner die

---

[103] vgl. **Gebhardt, A.** (Additive Manufacturing), 2013, S. 7; **Hagemann, F.; Zäh, M.** (Rapid-Technologien), 2006, S. 9

[104] vgl. **Gebhardt, A.** (Additive Manufacturing), 2013, S. 6f; **Hagemann, F.; Zäh, M.** (Rapid-Technologien), 2006, S. 10

[105] vgl. **ebenda** (Rapid-Technologien), 2006, S. 10; **Gebhardt, A.** (Additive Manufacturing), 2013, S. 6

[106] vgl. **Hagemann, F.; Zäh, M.** (Rapid-Technologien), 2006, S. 10

verwendeten Dreiecke, desto genauer ist die Annäherung an die ursprüngliche Bauteilgeometrie. Je größer die Dreiecke, desto kleiner und handhabbarer die im Anschluss erzeugte STL-Datei (STL: standard tessellation language, *zu Deutsch:* Standard Mosaik Sprache). Das STL-Format ist sehr weit verbreitet und stellt nach GEBHARDT einen industriellen Standard dar, der jedoch noch nicht in der Literatur als solcher festgehalten ist.[107]

Slicing

Der anschließende *Slicing*-Schritt zerschneidet unter Verwendung der STL-Datei das Volumen in eine feste Anzahl von Schichten. Die Schichtdicke richtet sich dabei nach der gewünschten Feinheit des Bauteils, limitiert durch die Auflösung des verwendeten Prozesses. Höhere Schichtdicken verringern wiederum die Gesamtzahl der zu erzeugenden Schichten und verkürzen die Bauzeit.[108]

Bauprozess

Der *Bauprozess* bezeichnet den eigentlich „Druck" des gewünschten Bauteils. Grundsätzlich wird immer eine Schicht durch Auftragen des Materials zunächst erzeugt, im Anschluss verfestigt und dadurch mit der vorgehenden Schicht verbunden. Nach Aufbringung einer Schicht wird die Bauplattform abgesenkt (oder angehoben, je nach Verfahrensprinzip) und die Auftragung der nachfolgenden Schicht erfolgt. Diese beiden Schritte werden für alle Schichten wiederholt, bis das gesamte Bauteil erzeugt wurde.[109]

2.3.5 Einteilung additiver Fertigungsprozesse

Es existieren verschiedene Ansätze zur Einteilung additiver Fertigungsverfahren. Eine gängige Methode ist die Einteilung der Verfahren nach dem Ausgangszustand der Werkstoffe. Die Einteilung erfolgt im Rahmen dieser Arbeit nach festen, flüssigen, Pulver- und Folienverfahren.[110]

---

[107] vgl. **ebenda** (Rapid-Technologien), 2006, S. 14; **Gebhardt, A.** (Additive Manufacturing), 2013, S. 24; **Bandyopadhyay, A.; Bose, S.** (Additive manufacturing), 2016, S. 7

[108] vgl. **ebenda** (Additive manufacturing), 2016, S. 116; **Hagemann, F.; Zäh, M.** (Rapid-Technologien), 2006, S. 25; **Gebhardt, A.** (Additive Manufacturing), 2013, S. 28

[109] vgl. **Beaman, J.** (Solid freeform fabrication), 1997, S. 38ff; **Hagemann, F.; Zäh, M.** (Rapid-Technologien), 2006, S. 28ff; **Gebhardt, A.** (Additive Manufacturing), 2013, S. 4

[110] vgl. **VDI Verein Deutscher Ingenieure** (3405: Additive Fertigungsverfahren), 2014, S. 8; **Fastermann, P.** (3D-Drucken), 2014, S. 25; **Elsner, P.** (3D-Drucktechnologie), 2009, S. 12

2.3.5.1 Feste Werkstoffe

Fused Deposition Modeling / Fused Layer Modeling

Beim FDM wird ein drahtförmiges Ausgangsmaterial (vorwiegend Wachse oder Kunststoffe wie Acrylnitril-Butadien-Styrol (ABS) und Polylactide (PLA)) bis kurz vor den Schmelzpunkt erwärmt und mittels eines Extruders sowie einer beheizten Düse an die Bearbeitungsstelle befördert. Nach dem Austritt an der vorher festgelegten Stelle verfestigt sich das Material. Durch diese lokale Auftragung auf der Bauplattform bzw. auf bereits erstarrtes Material wird das Objekt schicht- und punktweise aufgebaut. Anhand dieses Vorgehens können folglich auch komplexe Strukturen erstellt werden. Für überstehende Bauteile werden häufig Stützkonstruktionen benötigt, die bei der Endbearbeitung wieder entfernt werden. Ebenfalls kann der Einsatz von Nachbereitungsverfahren („Finisher") angebracht sein, die eine Verbesserung der Oberflächenqualität ermöglichen.[111]

Multi-Jet Modeling

Beim Multi-Jet Modeling entsteht das Bauteil durch das Aufschmelzen und Auftragen eines thermoplastischen Ausgangsmaterials mittels einer Extrusionsdüse Schicht für Schicht. Nach Abschluss eines Prozessschrittes wird die Bauplattform um eine Schichtdicke in z-Richtung abgesenkt. Im Gegensatz zur FDM-Technologie wird das Ausgangsmaterial nach dem Auftragen durch eine UV-Lampe ausgehärtet.[112]

Poly-Jet Modeling

Das Druckprinzip des Poly-Jet Verfahrens entspricht dem des Multi-Jet Modelings. Es kommen jedoch zwei oder mehr Druckköpfe zu Einsatz, von denen einer der Auftragung des Baumaterials und einer der Zuführung der Support Strukturen dient. Das Ausgangsmaterial bildet auch im vorliegenden Verfahren ein photosensitiver Kunststoff, der nach der Auftragung unter Zuhilfenahme von UV-Licht ausgehärtet wird. Bei Einsatz von mehr als zwei Druckköpfen besteht darüber hinaus die Möglichkeit, unterschiedliche Materialien innerhalb eines Bauprozesses einzusetzen. Dadurch sind Bauteileigenschaften individuell einstellbar.[113]

---

[111] vgl. **Fastermann, P.** (3D-Drucken), 2014, S. 31ff; **VDI Verein Deutscher Ingenieure** (3405: Additive Fertigungsverfahren), 2014, S. 12f; **Elsner, P.** (3D-Drucktechnologie), 2009, S. 16f

[112] vgl. **Fastermann, P.** (3D-Drucken), 2014, S. 34f; **Elsner, P.** (3D-Drucktechnologie), 2009, S. 20f; **VDI Verein Deutscher Ingenieure** (3405: Additive Fertigungsverfahren), 2014, S. 13f

[113] vgl. **ebenda** (3405: Additive Fertigungsverfahren), 2014, S. 14f; **Gebhardt, A.** (Additive Manufacturing), 2013, S. 116

2.3.5.2 Pulverwerkstoffe

Selektives Lasersintern (SLS)

Das Prinzip des selektiven Lasersinterns besteht in dem schichtweisen Aufbau von Objekten durch das lokale versintern von Pulverwerkstoffen. Mittels eines Rakels wird das Pulver auf der Bearbeitungsplatte verteilt. Durch das anschließende gezielte Einwirken eines Lasers werden die Pulverpartikel an vorher definierten Stellen an der Oberfläche miteinander verbunden. Nachdem eine Schicht fertiggestellt ist, senkt sich die Bearbeitungsplatte, auf der das Objekt gebildet wird, um eine Schichthöhe ab. Als Pulvermaterial können Thermoplaste, Sand, Metalle und Keramiken genutzt werden. Im Anschluss an den Prozess muss das gefertigte Objekt von überstehendem Restpulver befreit werden. Die Genauigkeit lässt sich durch die Variation der Pulverkorngrößen und des Laserdurchmessers anpassen.[114]

Selektives Laserschmelzen (SLM)

Im Gegensatz zum selektiven Lasersintern erfolgt die Verfestigung des pulverförmigen Arbeitsmaterials bei vorliegendem Verfahren durch das lokale Aufschmelzen am Bearbeitungspunkt. Wegen des vollständigen Umschmelzens des Materials entsteht eine poren- und rissfreie Bauteilstruktur. Jedoch kann es aufgrund von Schrumpfungseffekten während des Abkühlens zu Maßabweichungen kommen, die anhand von Korrekturrechnungen berücksichtigt werden müssen. Der Aufbau des Objekts erfolgt, wie beim Sinterverfahren, durch das schichtweise Auftragen und Aufschmelzen von Pulver sowie Herabsetzen der Plattform.[115]

Elektronenstrahlschmelzen

Das Verfahren weist eine enge Verwandtschaft zu den bereits beschriebenen Sinter- und Schmelzprozessen auf. Das Ausgangsmaterial bildet jedoch überwiegend Pulver aus metallischen Legierungen. Ebenfalls wird der Laser durch einen Elektronenstrahl ersetzt, der von einer magnetisch gelagerten Feder gelenkt wird. Dies bietet Vorteile hinsichtlich der Flexibilität sowie der besseren Schmelzgeschwindigkeits- und Temperaturkontrolle.[116]

---

[114] vgl. **Fastermann, P.** (3D-Drucken), 2014, S. 28f; **Elsner, P.** (3D-Drucktechnologie), 2009, S. 14ff; **VDI Verein Deutscher Ingenieure** (3405: Additive Fertigungsverfahren), 2014, S. 9f

[115] vgl. **Elsner, P.** (3D-Drucktechnologie), 2009, S. 15f; **Fastermann, P.** (3D-Drucken), 2014, S. 30f; **VDI Verein Deutscher Ingenieure** (3405: Additive Fertigungsverfahren), 2014, S. 10f; **Gebhardt, A.** (Additive Manufacturing), 2013, S. 189ff

[116] vgl. **VDI Verein Deutscher Ingenieure** (3405: Additive Fertigungsverfahren), 2014, S. 11f; **Elsner, P.** (3D-Drucktechnologie), 2009, S. 23

2.3.5.3 Folienwerkstoff

Layer Laminated Manufacturing

Der Aufbau der Bauteile erfolgt aus dem schichtweisen Auftragen, Verkleben und Freischneiden von Folienlagen unter Einfluss von Druck und Temperatur. Nach dem Abschluss eines einzelnen Prozessschritts wird ein Klebstoff anhand einer Plotteinheit auf der vorangegangenen Schicht aufgetragen, eine weitere Materiallage aufgelegt und mittels einer Andruckrolle laminiert (galvanisch oder durch Polymeriation). Ein Laserstrahl trennt im Anschluss die definierte Struktur aus dem gebildeten Block. Ebenfalls wird das die Form umgebende Material, das während des Prozesses die Stützstruktur bildet, segmentiert, um ein Herauslösen des gebildeten Bauteils zu erleichtern. In den meisten Fällen kommen aufgrund der Kostenvorteile Lagen aus Papier zum Einsatz. Weiterhin ist die Verwendung von Kunstoffen, Metallen und Keramiken möglich. Abhängig vom eingesetzten Material können Lackier-, Beschichtungs- oder Sinterverfahren zur Nachbearbeitung infrage kommen.[117]

2.3.5.4 Flüssigwerkstoff

Stereolithographie

Das Prinzip der Stereolithographie besteht in der gezielten Polymerisation eines flüssigen, lichtaushärtenden Kunststoffs durch die Einwirkung eines über Spiegel gesteuerten Laserstrahls. Das Photopolymer befindet sich in einem Becken, in das die Bearbeitungsfläche eingetaucht wird. Der schichtweise Aufbau des Objektes erfolgt durch das weitere Absenken der Plattform in die Flüssigkeit und der gleichmäßigen Verteilung neuen Kunststoffmaterials nach jeder Schicht. Um ein Wegschwimmen des gebildeten Objektes zu vermeiden, werden Stützstrukturen benötigt, die aus demselben Material erstellt werden. Diese müssen im Rahmen von Nachbearbeitungsverfahren mechanisch entfernt werden. Aufgrund der hohen Empfindlichkeit der verwendeten Werkstoffe weisen die mittels Stereolithographie gefertigten Bauteile eine geringe thermische und mechanische Beständigkeit auf. Jedoch überzeugen sie hinsichtlich ihrer Genauigkeit.

Digital Light Processing

Das Verfahren weist eine enge Verwandtschaft zur vorher beschriebenen Stereolithografie auf. Auch in vorliegendem Fall werden die Objekte durch das Verhärten photosensitiver Kunststoffe gefertigt. Die Polymerisation erfolgt auf Basis eines LCD-Medienprojektors. Aufgrund

---

[117] vgl. **ebenda** (3D-Drucktechnologie), 2009, S. 17f; **Fastermann, P.** (3D-Drucken), 2014, S. 39f; **VDI Verein Deutscher Ingenieure** (3405: Additive Fertigungsverfahren), 2014, S. 16

der präzisen Lichtsteuerung ist eine gute Oberfläche mit feiner Auflösung und hoher Qualität herstellbar.[118]

2.3.6 Zwischenfazit

Die vorangegangene Aufzählung gibt eine Übersicht über die zurzeit gängigen additiven Fertigungsverfahren. Um auch insbesondere kleineren Unternehmen den Einstieg in neue additive Fertigungstechniken zu ermöglichen, besteht die Herausforderung darin, auch kleinere, kostengünstigere Anlagen hinsichtlich der Produktivität sowie Verlässlichkeit und Qualität zu optimieren und die Prozesskette von der Notwendigkeit hoch qualifizierten Fachpersonals teilweise zu entkoppeln. Im Rahmen der vorliegenden Arbeit wird das Vorgehen, eine komplexe Technologie beherrschbar zu machen, beispielhaft vollzogen. Dazu wird der oben beschriebene FDM Prozess ausgewählt. Durch den Auslauf von Patenten für das FDM Verfahren entstehen zahlreiche Anbieter von günstigen FDM-Geräten und lassen eine zunehmende Verbreitung dieses Verfahrens in Zukunft erwarten[119]. FDM-Desktop-Drucker im mittleren Preissegment bieten durch nur geringe Investitionsrisiken auch kleineren Unternehmen einen Einstieg in die Welt des 3D-Druck.[120] Das FDM –Verfahren stellt einen guten Kompromiss aus Druckgeschwindigkeit, Genauigkeit und Kosteneffizienz dar.[121]

2.3.7 Fused Deposition Modeling Verfahren

Nachdem das FDM Verfahren bereits kurz in Kapitel 2.3.5.1 beschrieben wurde, erfolgt an dieser Stelle aufgrund der Fokussierung in der vorliegenden Arbeit eine detaillierte Erläuterung. Das FDM-Verfahren wurde von der Firma Stratasys patentiert und im Jahre 1991 erstmal auf den Markt gebracht[122]. Das Ausgangsmaterial liegt in Form eines drahtförmigen thermoplastischen Kunststoffes (auch als Filament bezeichnet), theoretisch als Endlosstrang, vor. Der Kunststoff wird über einen Zugmechanismus einer beheizten Düse zugeführt (extrudiert), die diesen durch die eingebrachte Energie verflüssigt und eine Auftragung auf die Bauplattform bzw. die bereits extrudierten Schichten ermöglicht (Abbildung 2-6 (I)). Die Düse kann über

---

[118] vgl. **ebenda** (3405: Additive Fertigungsverfahren), 2014, S. 17; **Fastermann, P.** (3D-Drucken), 2014, S. 37f;

[119] vgl. **Onwubolu, G.; Rayegani, F.** (Optimization of Mechanical Properties of ABS Parts), 2014, S. 1

[120] vgl. **Campbell, T.; Williams, C.; Ivanova, O.; Garrett, B.** (Strategic Report), 2015, S. 15

[121] vgl. **Wang, T.-M.; Xi, J.-T.; Jin, Y.** (Prototype warp deformation in the FDM process), 2007, S. 1

[122] vgl. **Fischer, M.; Knoop, F.; Schumacher, C.** (Fused Deposition Modling), 2016;

Motoren entlang von zwei Achsen in x-y-Richtung bewegt werden, wodurch das Abfahren eines beliebigen Pfades in der Ebene ermöglicht wird. Nachdem eine Schicht erfolgreich abgelegt wurde, erfolgt die Bewegung der Bauplattform in z-Richtung, um anschließend mit der darauffolgenden Schicht fortzufahren. Die resultierenden Schichten bestehen aus einer Aneinanderreihung des verflüssigten und, durch Wärmeleitung in die Plattform bzw. die bereits erkalteten Schichten, anschließend wieder verfestigten drahtförmigen Filaments mit elliptischem Querschnitt (siehe Abbildung 2-6).

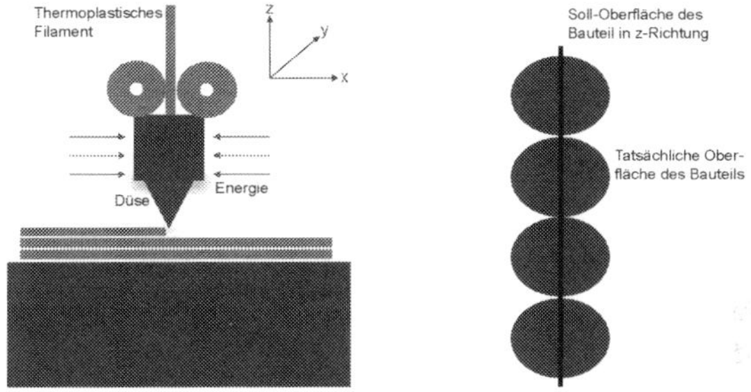

Abbildung 2-6: Schematische Darstellung des FDM-Verfahrens

Daher weisen die erzeugten Oberflächen meist eine eher geringe Qualität auf. Überhänge können in der Regel nur durch Stützstrukturen, die in einem Nachbearbeitungsschritt wieder entfernt werden müssen, realisiert werden. Bei Verwendung des gleichen Materials für diese Stützstrukturen ist die Entfernung allerdings teilweise sehr aufwendig. Daher besitzen modernere und aufwendigere Anlagen häufige eine zweite Düse, die Stützstrukturen aus einem Material mit Eigenschaften herstellt, die das nachträgliche Entfernen erleichtern. So sind diese Materialien zum Beispiel wasserlöslich oder besitzen einen niedrigeren Schmelzpunkt.[123]

2.4 Eingrenzung des Betrachtungsraumes

Zu Beginn der vorliegenden Arbeit wurde bereits beschrieben, dass es Unternehmen an Erfahrung im Umgang und folglich der optimalen Parameterauslegung additiver Fertigungsverfahren mangelt, was unter anderem am fehlenden Personal mit geeignetem Fachwissen liegt. Daraus erwächst eine Unsicherheit der realisierten Bauteilqualität. Zusammengenommen verhindert dies die Ausnutzung des technologischen Potenzials additiver Verfahren und den Einsatz in Unternehmen allgemein (vgl. Kapitel 1.2). Ebenfalls wurde bereits das Ziel formuliert, diese Probleme zu adressieren, indem eine modellbasierte Parametrisierung eines solchen

[123] vgl. **Elsner, P.** (3D-Drucktechnologie), 2009, S. 16f; **Hagemann, F.; Zäh, M.** (Rapid-Technologien), 2006, S. 70ff; **Gebhardt, A.** (Additive Manufacturing), 2013, S. 249ff

additiven Verfahrens realisiert wird (vgl. Kapitel 1.2). Dazu wurden im vorangegangenen Kapitel 2.1 zunächst mathematische Methoden der Prozessoptimierung betrachtet und die Optimierungsaufgabe auf ein nicht lineares Minimierungsproblem zurückgeführt, welches mithilfe eines numerischen Gradientenverfahrens gelöst wird. Zur Durchführung der Optimierungs- bzw. Minimierungsaufgabe sind entsprechende Prozessmodelle notwendig. Dazu wurden im anschließenden Kapitel 2.2 verschiedene Herangehensweisen zur Herleitung dieser Modelle betrachtet. Im abschließenden Kapitel 2.3 wurden additive Fertigungsverfahren beschrieben und das FDM als das im weiteren Verlauf der Arbeit zu betrachtende Verfahren identifiziert. Die genannten Einschränkungen des Betrachtungsraumes sind in Abbildung 2-7 dargestellt. In der folgenden Untersuchung des Standes der Erkenntnisse liegt der Fokus folglich auf Verfahren der modellbasierten Optimierung additiver Fertigungsprozesse und insbesondere für das FDM Verfahren.

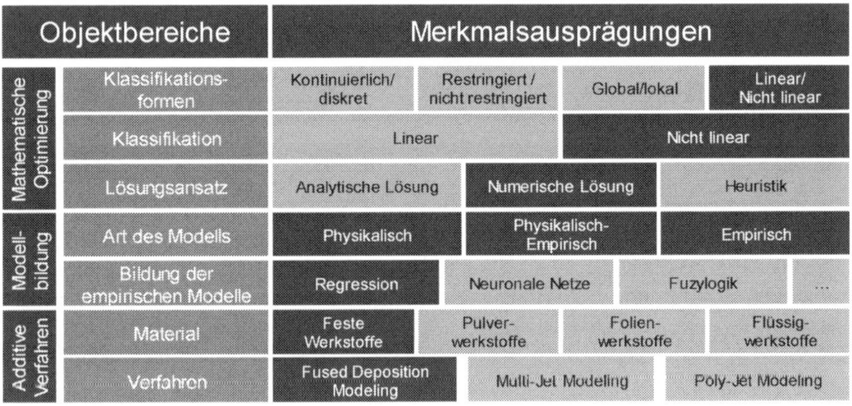

Abbildung 2-7: Übersicht über den Betrachtungsraum der Arbeit

3 Stand der Erkenntnisse

Im folgenden Kapitel wird zunächst die skizzierte Problemstellung weiter konkretisiert (Kapitel 3.1). Anschließend werden bisherige Ansätze der modellbasierten Optimierung additiver Fertigungsverfahren und insbesondere für das FDM aus der Literatur einer kritischen Betrachtung unterzogen (Kapitel 3.2), um anschließend basierend auf den bisherigen Erkenntnissen eine geeignete Lösungshypothese abzuleiten (Kapitel 3.3) und entsprechende Forschungsfragen zu formulieren (Kapitel 3.4).

3.1 Das Dilemma additiver Fertigungsprozesse

Die bereits in der Einleitung skizzierten Herausforderungen der Beherrschung komplexer Technologien insbesondere bezogen auf additive Fertigungsverfahren lassen sich formulieren als das Dilemma additiver Fertigungsprozesse:

Das Dilemma additiver Fertigungsprozesse besteht in der Diskrepanz zwischen der Sicherstellung einer hohen Bauteilqualität bei niedrigen Kosten in kurzer Zeit, die eine optimale Parametrisierung des Prozesses erfordert, auf der einen Seite und dem fehlenden Prozessverständnis und -wissen bei gleichzeitig höher und weiter zunehmender Komplexität auf der anderen Seite.

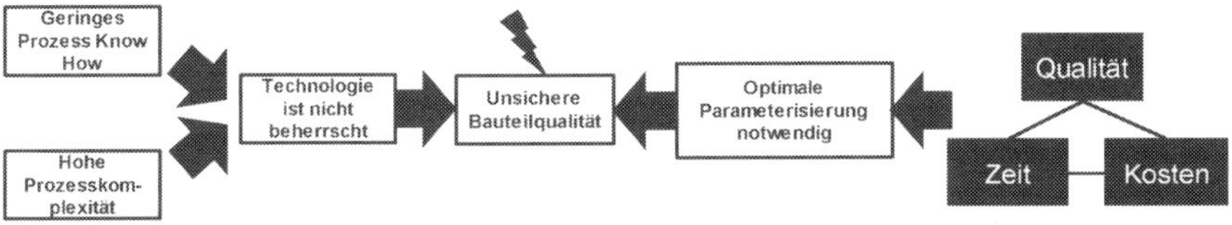

Abbildung 3-1: Das Dilemma additiver Fertigungsprozesse

Zur Auflösung des Dilemmas wird im Rahmen dieser Arbeit ein modellbasierter Ansatz zur Parametrierung eines additiven Verfahrens betrachtet, indem zunächst Prozesswissen aufgebaut und in Modellen formalisiert wird, um das Systemverhalten auf Basis von Wissen über die Eingangsgrößen vorherzusagen. Anschließend werden die Modelle genutzt, um das inverse Problem der Parameteroptimierung zu adressieren. Auf Basis der Betrachtungen der Objektbereiche der mathematischen Optimierung, der Modellbildung und additiver Fertigungsverfahren lässt sich das Ziel an dieser Stelle weiter konkretisieren. Es werden folglich Black und White Box Modelle eines FDM Prozesses für verschiedene Zielgrößen abgeleitet und zu Grey Box Modellen kombiniert. Das resultierende Problem der Parameteroptimierung wird mithilfe eines Gradientenverfahrens gelöst. Letztendlich ist das Ziel, diese Vorgehensweise zu generalisieren und eine Übertragung auf weitere komplexe Technologien zu prüfen.

3.2 Modellbasierte Optimierung additiver Fertigungsverfahren

In der Literatur lassen sich zahlreiche Ansätze finden, die Methoden der Modellbildung nutzen, um additive Fertigungsverfahren besser zu verstehen, zu beherrschen und zu optimieren.

LYNN-CHARNEY UND ROSEN wenden die Methode des Response Surface Designs zur Optimierung eines Stereolithographie Prozesses an. Sie definieren dazu zunächst die Maßhaltigkeit, die Oberflächenrauheit und die Druckzeit als Zielgrößen. Weiterhin werden durch einen Screening-Versuch die acht angenommenen Einflussgrößen auf die vier zu untersuchen Faktoren „z-level wait time", „hatch overcure", fill overcure" und „sweep period" reduziert. Für den anschließenden Hauptversuch werden für die vier Faktoren jeweils drei Ausprägungen für die Experimente definiert. Insgesamt wurden 25 Versuche durchgeführt. Für die Maßhaltigkeit und die Oberflächenrauheit werden insgesamt acht geometrische Merkmale vermessen und für diese Merkmale Modelle erstellt. Anschließend erfolgt eine Zuordnung und Kombination der Modelle zu Eigenschaften des CAD-Modells. Zusätzlich wird für die Druckzeit ein weiteres Modell entwickelt. Eine Validierung der erstellten Modelle lieferte Abweichungen zwischen Prädiktion und tatsächlichen Werten zwischen -26,97 und 70,75 %. Die Modellgüte für die Druckzeit wurde nicht evaluiert.[124]

ZHOU ET AL. benutzen einen Ansatz der empirischen Modellierung zur Optimierung der Maßhaltigkeit und Oberflächenrauheit eines Stereolithographie-Prozesses. Dazu werden zunächst 15 einstellbare Faktoren des Prozesses bestimmt und durch Voruntersuchungen anschließend auf die fünf Haupteinflussfaktoren „layer thickness", „hatch spacing", „overcure", „blade gap" und „build plane position" reduziert, die für das Experiment verwendet werden. Vier der fünf Faktoren sind direkt durch die Steuerungssoftware des Druckers einstellbar. Der fünfte Faktor „overcure", der die Tiefe beschreibt, die der Laser zusätzlich zu der Schichtdicke trocknet, kann zwar in der Software bestimmt werden, korreliert jedoch nicht mit dem tatsächlichen Verhalten des Druckers. ZHOU ET AL. entwickeln daher eine Methode zur physikalischen Bestimmung des Wertes für overcure durch andere bekannte Parameter. Zur Bestimmung der Zielgrößen definieren sie ein Standardbauteil, das an mehreren Stellen mit Hilfe eines Koordinatenmessgeräts vermessen wird. Um die Anzahl der Versuche zu reduzieren werden lediglich fünf Hauptfaktoren und drei zweifach-Wechselwirkungen betrachtet. Jeder Faktor wird im Experiment mit drei Faktorstufen berücksichtigt. Mit der verwendeten Taguchi Methode zur Reduzierung der Anzahl Versuche werden 27 Versuche durchgeführt. Mit Hilfe des Response Surface Design und der ANOVA Methode werden die Versuche statistisch ausgewertet. Für die Zielgrößen Maßhaltigkeit und Oberflächenrauheit können jeweils die Haupteinflussfaktoren

---

124 vgl. **Lynn-Charney, C.; Rosen, D.** (Usage of accuracy models in stereolithography), 2000, S. 77ff

identifiziert und eine Vorgabe die für optimale Einstellung gegeben werden. Diese Parametervorgabe für die fünf Einstellparameter beschränkt sich allerdings darauf, ob eine niedrige oder hohe Einstellung vorgenommen werden soll.[125]

ANITHA ET AL. benutzen ein Taguchi inspiriertes Experiment zu Überprüfung der Einflüsse verschiedener Parameter auf die Qualität mittels FDM hergestellter Bauteile. Als Einflussgrößen betrachten sie die Schichtdicke, die Breite des extrudierten Materials und die Geschwindigkeit der Nadel bei der Extrusion. Allen drei Parametern werden je drei Stufen zugeordnet. Ein teilfaktorielles Experiment mit insgesamt 18 Modellen wird durchgeführt. Als Zielgröße wird die Oberflächenrauheit der gedruckten Teile betrachtet. Die Ergebnisse werden im Anschluss statistisch ausgewertet mit dem Ergebnis, dass die Schichtdicke den höchsten Einfluss auf die Oberflächenrauheit hat. Jedoch haben auch die beiden anderen Stellgrößen einen signifikanten Einfluss. Es werden ebenfalls optimale Einstellungen für eine möglichst geringe Oberflächenrauheit abgeleitet.[126]

Um Aussagen über das mechanische Verhalten von FDM-Teilen treffen zu können, werden durch AHN ET AL. die Materialeigenschaften sowie die hierauf wirkenden FDM-Parameter ermittelt. Mit Hilfe des DoE-Ansatzes werden dazu Prozessparameter untersucht. Dazu wird ein vollfaktorieller Versuchsplan mit 32 Versuchen aufgestellt und durchgeführt. Aus den experimentell ermittelten Resultaten werden Baurichtlinien für die FDM-Nutzung abgeleitet. Im Vordergrund des Experiments steht die Untersuchung der Auswirkungen durch die gezielte Veränderung der Prozessvariablen auf die Zugfestigkeit von FDM-Teilen. Gewählte Parameter: Streckenweite, Luftspalt, Modelltemperatur und Rasterorientierung (alle quantitativ) sowie Materialfarbe (qualitativ).[127]

PENNINGTON ET AL. untersuchen die Maßhaltigkeit von mittels einer FDM-Technologie hergestellten Bauteilen. Als potenzielle Einflussgrößen betrachten sie die Größe des Bauteils (klein und groß), die Temperatur der Druckplattform (65, 70 und 72°C) sowie die Position des Bauteils auf der Plattform (mittig oder in der vorderen linken Ecke). Sie verwenden einen vollfaktoriellen Versuchsplan wodurch sich durch die definierten Faktorstufen insgesamt zwölf Experimente ergeben. Die gedruckten Teile wurden mit einem Koordinatenmessgerät vermessen

[125] vgl. **Zhou, J.; Herscovici, D.; Chen, C.** (Parametric process optimization for stereolithography parts), 2000, S. 77ff

[126] vgl. **Anitha, R.; Arunachalam, S.; Radhakrishnan, P.** (Critical parameters influencing the quality of FDM), 2001, S. 385ff

[127] vgl. **Ahn, S.; Montero, M.; Odell, D.; Roundy, S.; Wright, P.** (Anisotropic material properties of fused deposition modeling), 2002, S. 248ff

und die Daten statistisch ausgewertet. Die Ergebnisse zeigen, dass alle drei untersuchten Parameter einen signifikanten Einfluss auf die Maßhaltigkeit des Bauteils haben. Sie erreichen für das erstellte Modell eine Güte (R^2) = *49%*.[128]

ANG ET AL. betrachten einen FDM Prozess und benutzen einen 2-level teilfaktoriellen Versuchsplan mit insgesamt 16 Experimenten zur Analyse von fünf Einflussgrößen: „air gap, „raster width“ (Dicke der Schichten bei der Erzeugung einer Gitternetzfüllung), die Ausrichtung des Bauteils auf der Plattform (vertikal oder horizontal), das Muster des Gitters und die Anzahl der Layer innerhalb des Gitters. Sie untersuchen die Einflüsse auf die mechanische Belastbarkeit und die Porosität der gedruckten Bauteile. Die Experimente zeigen, dass die Parameter „air gap“ und „raster width“ den größten Einfluss auf die untersuchten Zielgrößen haben.[129]

Das beim FDM-Prozess genutzte Schichtverfahren wirkt sich negativ auf die Oberflächenqualität der gefertigten Teile aus. Daraus ergibt sich laut AHN ET AL, dass die Oberflächenrauheit ein zentrales Thema bei der Untersuchung von Rapid Prototyping darstellt. Aus diesem Grund stellen sie ein theoretisches (White Box) Modell zur Bestimmung der Oberflächenrauheit in Bezug zum FDM Prozess auf, welches auf den Eigenschaften des Materials beruht und durch die sich daraus ergebenden geometrischen Eigenschaften die Bestimmung der Oberflächenrauheit ermöglicht. Sie führen keine Experimente zur Validierung des theoretischen Modells durch.[130]

CHANG UND HUANG untersuchen den Einfluss von vier verschiedenen Parametern auf die Bildung von Fehlern in der Oberfläche von mittels FDM-Technologien hergestellten Produkten. Sie definieren ein Experiment mit acht Versuchen, je drei Wiederholungen und betrachten dazu die Parameter Schichtdicke sowie die Breite, den Abstand und den Winkel zwischen den Schichten des abgelegten Materials. Die Ergebnisse zeigen, dass die Schichtdicke und die Breite des extrudierten Materials die einzigen Parameter mit signifikantem Einfluss auf die Oberfläche der produzierten Bauteile sind.[131]

---

[128] vgl. **Pennington, R.; Hoekstra, N.; Newcomer, J.** (Significant factors of fused deposition modelling), 2005, S. 89ff

[129] vgl. **Ang, K.; Leong, K.; Chua, C.; Chandrasekaran, M.** (Investigation of the mechanical properties of FDM), 2006, S. 100ff

[130] vgl. **Ahn, D.; Kweon, J.-H.; Kwon, S.; Song, J.; Lee, S.** (Representation of surface roughness in FDM), 2009, S. 5594

[131] vgl. **Chang, D.-Y.; Huang, B.-H.** (Profile error and extruding aperture for the FDM), 2011, S. 1027ff

Soop et al. führen eine statistische Versuchsplanung für einen FDM Prozess durch. Sie betrachten die fünf Stellparameter Bauteilorientierung, Schichtdicke, Rasterwinkel, Rasterbreite und Raster air gap. Drei der Stellgrößen beziehen sich auf die Form und Ausrichtung der Füllung des Bauteils. Sie untersuchen den Einfluss der Parameter auf die Zielgröße Zerreißfestigkeit unter Verwendung des Materials ABS. Es werden 32 Bauteile gedruckt und mittels einer Varianzanalyse (ANOVA) entsprechende quadratische Regressionsmodelle aus den Daten abgeleitet. Sie erreichen eine Modellgüte (R^2) = 96,13 %.[132]

Onwubolu und Rayegani führen eine statistische Versuchsplanung durch, mit dem Ziel der Optimierung der mechanischen Eigenschaften von mittels eines FDM-Prozesses gedruckten Teilen unter Verwendung des Materials ABS. Sie betrachten die Parameter Schichtdicke, Bauteilorientierung (vertikal, schräg, horizontal), Rasterwinkel (Ausrichtung des Füllmaterials), Rasterbreite (Form der Füllung) und Air Gap (Spalt zwischen Teilen der Füllung). Als Zielgröße wurde die Zerreißfestigkeit in einer anschließenden zerstörenden Prüfung gemessen. Es werden insgesamt 32 Experimente durchgeführt. Sie leiten durch den Einsatz der Group Method for Data Handling (GMDH) Model Methode ein prädiktives Modell für die Zerreißfestigkeit auf Basis der Input-Parameter her und treffen für jeden Parameter konkrete Aussagen über deren Einfluss auf die Zielgröße. Die Modellgüte (R^2) liegt bei 0,99995.[133]

Boschetto und Bottini versuchen in ihrer Arbeit durch die profilmetrische Analyse der Oberfläche eines mittels eines FDM-Prozesses hergestellten Bauteils neben den R_a Wert auch weitere Rauheitskennwerte auszurechnen. In ihrer Modellierung der Oberfläche beziehen sie ebenfalls den Oberflächenwinkel Θ sowie die Schichtdicke d_L als Hauptfaktoren ein. Die von ihnen aufgestellte geometrische Beschreibung ist geeignet, um alle Rauheitskennwerte zu berechnen, jedoch ist der Bereich aus mathematischen Gründen auf Winkel Θ von 25° bis 155° beschränkt. Für diesen Winkelbereich zeigten die vom Modell ausgegebenen Rauheitswerte in der Validierung gute Übereinstimmung mit den gemessenen Werten, auch wenn kein exakter Wert für die Modellgüte angegeben wird. Die Autoren konnten ihr Modell ebenfalls für weitere Materialien neben den von ihnen genutzten ABS verifizieren.[134]

---

132 vgl. **Sood, A.; Ohdar, R.; Mahapatra, S.** (Empirical modelling of FDM process), 2012

133 vgl. **Onwubolu, G.; Rayegani, F.** (Optimization of Mechanical Properties of ABS Parts), 2014

134 vgl. **Boschetto, A.; Bottini, L.** (Surface improvement of fused deposition modeling), 2015, S. 686ff

HUANG ET AL. entwickeln einen Ansatz zur offline Kompensation des Schrumpfverhaltens eines additiven Fertigungsprozesses. Für sie ist die Maßhaltigkeit der Schlüsselfaktor additiver Fertigungsverfahren, da Abweichungen vom Sollmaß bedingt durch Schrumpfen des Bauteils bei der Abkühlung nachgelagerte Prozessschritte zur Korrektur erforderlich machen. Sie verfolgen dabei zwei Ziele: zum einen die modellbasierte Prädiktion des Schrumpfverhaltens eines Bauteils und zum anderen die Kompensation dieser Fehler durch spezifische Designänderungen im CAD-Modell.[135]

GRIFFITHS ET AL. untersuchen durch eine statistische Versuchsplanung den Einfluss verschiedener Parameter auf den FDM Prozess. Sie betrachten als Parameter die „slice orientation", die die Orientierung des Bauteils auf der Plattform angibt, das „infill level", welches die Füllung des Bauteils durch einen prozentualen Wert beschreibt, weiterhin die Dicke der äußeren Hülle ausgedrückt in der Anzahl Schichten und die Schichtdicke. Es wird ein vollfaktorieller Versuchsplan mit insgesamt 16 Versuchen durchgeführt. Sie betrachten insgesamt sechs Zielgrößen in den zwei Kategorien Effizienz und Performance: Druckzeit, Energieverbrauch, Bauteilgewicht, das Gewicht des überflüssigen Materials (Schrott), die Zerreißfestigkeit und das Elastizitätsmodul der Bauteile. Als Ergebnisse der Experimente leiten sie für jede Zielgröße ab, welche Parameter eine besondere Signifikanz aufweisen. Modellgüten werden nicht angegeben.[136]

Weitere Ansätze zur Untersuchung der Wirkzusammenhänge zwischen verschiedenen Parametern und Zielgrößen für additive Fertigungsverfahren und speziell für den FDM Prozess durch statistische Modellbildung werden zum Beispiel durch ONUH UND HON, HOEKSTRA ET AL., SHIOU UND GAO, IPPOLITO ET AL. oder TONG ET AL. vorgestellt.[137]

---

[135] vgl. **Huang, Q.; Zhang, J.; Sabbaghi, A.; Dasgupta, T.** (Optimal offline compensation of shape shrinkage for 3D-printing), 2015, S. 431ff

[136] vgl. **Griffiths, C.; Howarth, J.; Rowbotham, G.; Rees, A.** (Effect of Build Parameters on FDM), 2016

[137] vgl. **Tong, L.; Amine, E.; Joshi, S.** (Parametric error modeling for RP), 2003, S. 301ff; **Hoekstra, N.; Kraft, B.; Newcomer, J.** (Mechanical properties of FDM), S. 193ff; **Shiou, F.-J.; Gao, J.-S.** (Effect of slice thickness on the profile accuracy of RP), 2003, S. 796ff; **Ippolito, R.; Iuliano, L.; Gatto, A.** (Dimensional Accuracy and Surface Finish of RP Techniques), 1995, S. 157ff; **Onuh, S.; Hon, K.** (Improving Stereolithography Part Accuracy), 2001, S. 61ff

Vorarbeiten am Lehrstuhl für Fertigungsmesstechnik und Qualitätsmanagement

FRANK ET AL. untersuchen die Wirkzusammenhänge eines FDM-Prozesses und die Anwendbarkeit von empirischen Prozessmodellen zur Optimierung der Parametereinstellung unabhängig von der gedruckten Bauteilgeometrie. Sie betrachten vier Zielgrößen: Oberflächenqualität, Druckzeit, Maßhaltigkeit und „warping" (Verzug des Bauteils durch ungleichmäßiges Abkühlen und Entstehen von Spannungen im Inneren).

Für die Experimente werden sieben Stellgrößen ausgewählt: Schichtdicke, Druckgeschwindigkeit, Extruder- und Plattformtemperatur, Plattformtyp, Druckgeschwindigkeit für die unterste Schicht und Temperatur beim Ablösen des Bauteils. Es werden insgesamt 68 Experimente durchgeführt und die Ergebnisse statistisch analysiert. Basierend auf den erstellten Modellen wurden zwei Optimierungen vorgenommen und Validierungsexperimente durchgeführt mit einer erreichten Modellabweichung zwischen 1 und 3,8%.

Anders als alle anderen bisher vorgestellten Ansätze prüfen sie die Übertragbarkeit der erstellten Modelle auf eine weitere Bauteilgeometrie. Die Versuche zeigen unterschiedliche Ergebnisse. So kann die Druckzeit beispielsweise nicht mit Hilfe des erstellten Modells vorhergesagt werden. Für die anderen Zielgrößen konnten Fehler bei der Modellprädiktion von weniger als 9% für die Oberflächenqualität und weniger als 1,4% für warping und Maßhaltigkeit erreicht werden.[138]

3.2.1 Zwischenfazit zum aktuellen Stand der Erkenntnisse

Zusammenfassend kann gefolgert werden, dass vielseitige Bestrebungen der Modellierung mit dem Ziel der Parameteroptimierung additiver Fertigungsprozesse existieren. Häufig werden dazu Methoden verwendet, die auf Experimenten und entsprechend erzeugten empirischen Daten beruhen (Black Box). Es existieren jedoch auch Bestrebungen, bestimmte Eigenschaften der erzeugten Bauteile, wie die Oberflächenrauheit, physikalisch zu modellieren (White Box).

Die Arbeiten belegen weiterhin, dass dieser modellbasierte Ansatz vielversprechende Ergebnisse liefert, die Zielgrößen additiver Fertigungsprozesse vorhersagen zu können und anschließend das inverse Problem der Parameteroptimierung zu adressieren. In Tabelle 1 sind die betrachteten Ansätze zusammenfassend bewertet.

Die erste Spalte gibt lediglich an, wie im Rahmen dieser Arbeit ein FDM Prozess betrachtet wird. Die Spalte zwei liefert eine Bewertung der Anzahl der betrachteten Stellgrößen und Spalte drei äquivalent für die Zielgrößen. In Spalte vier wird die Anzahl der durchgeführten Experimente für die Modellbildung bzw. Validierung bewertet und Spalte fünf liefert eine Bewertung der erreichten Modellgüten, die in vielen Fällen jedoch nicht angegeben werden. In

[138] vgl. **Frank, D.; Chandra, R.; Schmitt, R.** (Cause-and-Effect Relationships Within a 3D-Printing System), 2015, S. 131ff

der letzten Spalte wird untersucht, ob die betrachteten Arbeiten neben der Modellierung für einen speziellen Anwendungsfall ebenfalls Generalisierung und folglich Übertragbarkeit der Modelle untersuchen. Es kann beobachtet werden, dass in vielen Fällen die erreichte Modellgüte verbesserungswürdig ist. Dies ist vor allem darauf zurückzuführen, dass zu wenige der möglichen Druckerparameter in die Modellierung inkludiert (Anzahl Parameter) und außerdem zu wenige Teile gedruckt wurden (Anzahl Experimente).

Die erzeugte Datengrundlage liefert daher wenig aussagekräftige Beschreibungsmodelle. Zum anderen wurde meist nicht gezeigt, inwieweit sich die Ansätze auf andere Anwendungsfälle, wie andere Bauteil-Geometrien, Drucker oder gar Fertigungstechnologien übertragen lassen.

Tabelle 1: Zusammenfassende Bewertung der bisherigen Ansätze zur Modellierung von additiven Fertigungsprozessen

	FDM	Anzahl Parameter	Anzahl Zielgrößen	Anzahl Experimente	Modellgüten	Übertragbarkeit
Lynn-Charney und Rosen 2000	✗	◑	◕	◔	◑	✗
Zhou et al. 2000	✗	◕	◑	◔	✗	✗
Anitha et al. 2001	✓	◑	◔	◔	✗	✗
Ahn et al. 2002	✓	◕	◔	◔	✗	✗
Pennington et al. 2005	✓	◑	◔	◔	◔	✗
Ang et al. 2006	✓	◕	◑	◔	✗	✗
Ahn et al. 2009	✓	◔	◔	✗	✗	✗
Chang und Huang 2011	✓	◑	◔	◔	✗	✗
Annop et al. 2012	✓	◕	◔	◔	●	✗
Onwubolu und Rayegani 2014	✓	◕	◔	◔	●	✗
Boschetto und Bottini 2015	✓	◔	◔	◔	✗	✗
Huang et al. 2015	✗	◑	◔	◔	✗	✗
Griffiths et al. 2016	✓	◑	●	◔	✗	✗
Onuh und Hon 2001	✗	◑	◔	◔	✗	✗
Hoekstra et al. 2001	✓	◔	◔	◔	✗	✗
Shiou und Gao 2003	✗	◔	◔	◔	✗	✗
Ippolito et al. 1995	✓	◑	◑	✗	✗	✗
Tong et al. 2003	✗	◑	●	◔	✗	✗
Frank et al. 2015	✓	●	●	◕	●	✓

3.3 Lösungshypothese

Der im Rahmen dieser Arbeit betrachtete Lösungsansatz zur Beherrschung komplexer Technologien, wie dem FDM, besteht darin, durch Modellierung den betrachteten Fertigungsprozess abzubilden und zunächst eine Zielgrößenprädiktion zu realisieren. Im zweiten Schritt wird das inverse Problem formuliert und durch einen geeigneten Algorithmus mathematisch optimiert.

Es wurde in Kapitel 2.3.2 bereits erwähnt, dass im Rahmen dieser Arbeit ein Grey Box Ansatz betrachtet wird, der aus einer Kombination von empirischen und physikalischen (Black und White Box) Modellen besteht. Diesem Vorhaben liegt die folgende Überlegung zu Grunde: Black Box Modelle basieren auf empirischen Daten und je größer die Datenbasis, desto besser beschreiben sie das betrachtete System. White Box Modelle basieren auf physikalischen Zusammenhängen, die in den meisten Fällen jedoch vereinfacht dargestellt werden. Für einen speziellen Anwendungsfall werden Black Box Modelle folglich, bei ausreichend großer Datenbasis, das Systemverhalten innerhalb des betrachteten Parameterraums besser abbilden. Ist die Datenbasis jedoch nicht ausreichend groß, sollen Parametereinstellungen außerhalb der Datenbasis oder weitere Anwendungsfälle betrachtet werden, so können White Box Modelle bessere Ergebnisse erzielen. Daraus folgt weiterhin, dass Black Box Modelle, insofern sie auf weitere Anwendungsfälle übertragen werden sollen, adaptiv gestaltet werden müssen.[139]

Zentrale Annahme: Bei ausreichend großem Datensatz liefern Black Box Modelle innerhalb des betrachteten Parameterraum exaktere Ergebnisse als White Box Modelle. Für die Übertragung auf weitere Anwendungsfälle (z. B. Bauteilgeometrien) sind Black Box Modelle generell nicht geeignet (vgl. Abbildung 3-2).

[139] vgl. **Neumann, C.; Jacob, D.; Burhenn, S.; Florita, A.; Burger, E.; Schmidt, F.** (Modellbasierte Methoden für die Fehlererkennung und Optimierung), 2011, S. 35; **Isermann, R.; Münchhof, M.** (Identification of Dynamic Systems), 2011, S. 3

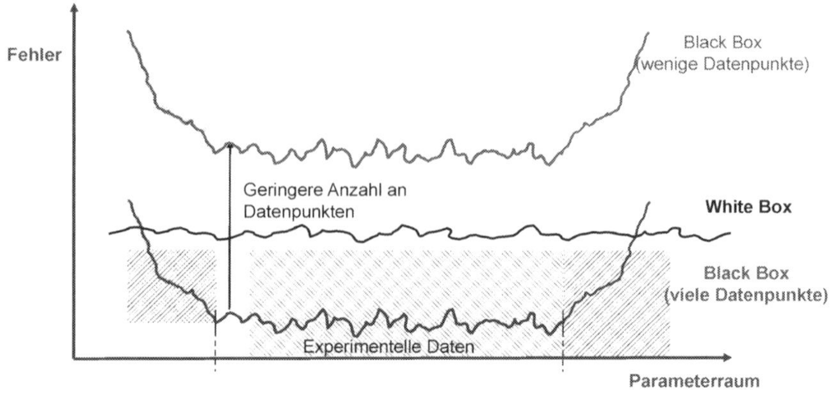

Abbildung 3-2: Hypothetische Modellfehler für Black und White Box Ansätze

Kernidee des hier vorgestellten Lösungsansatzes ist es folglich, bei ausreichend großer Datenbasis Black Box Modelle zu verwenden. Bei einem sich ändernden Anwendungsszenario werden zunächst White Box Modelle eingesetzt und neue Black Box Modelle trainiert bzw. angepasst. *Zusammenfassend ist daher das Ziel, eine anwendungsfallspezifische Kombination von Black und White Box zu Grey Box Modellen für jede Zielgröße einzeln zu realisieren und diese Modelle durch eine geeignete Softwareschnittstelle zum einen zur Prädiktion des Systemverhaltens und zum anderen in Kombination mit einem Optimierungsverfahren zur Parametrisierung zu nutzen* (Abbildung 3-3).

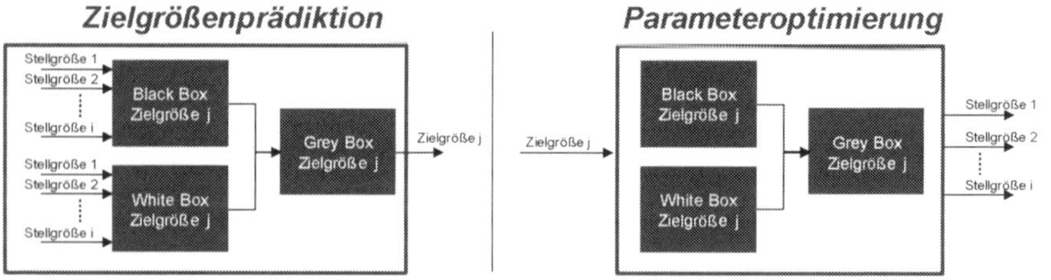

Abbildung 3-3: Zielbild der Arbeit

Zu erkennen ist, dass die Modellierung für insgesamt *n* Zielgrößen durchgeführt wird. Für jede der Zielgrößen wird ein Black und ein White Box Modell erstellt und im Anschluss zu einer Grey Box kombiniert. Wie exakt diese Kombination funktioniert, ist an dieser Stelle noch unklar. Die erstellten Modelle können in zwei Richtungen genutzt werden. Zum einen erlauben sie die Prädiktion der Zielgrößen, falls die Stellgrößen am Eingang bekannt sind. Das heißt, dass das Ergebnis eines 3D gedruckten Bauteils vorhergesagt werden kann. Zum anderen werden die Modelle genutzt, um mithilfe eines Algorithmus die Parameter auf Basis von gewünschten Zielgrößenausprägungen zu optimieren.

Zur Erreichung des in Abbildung 3-3 skizzierten Zielbildes müssen mehrere Zwischenziele erreicht werden.

1. Das erste Ziel ist die Modellierung des betrachteten Fertigungsprozesses durch White und Black Box Ansätze für einen speziellen Anwendungsfall für jede zu optimierende Zielgröße und eine anschließende Validierung der Modelle hinsichtlich der Prädiktion der Zielgrößen bei gegebenen Eingangsgrößen. Dazu müssen zunächst geeignete Zielgrößen und Paramater definiert und ausgewählt werden. Abschließend ist durch eine Validierung zu zeigen, ob beide Ansätze prinzipiell fähig sind, das Systemverhalten vorherzusagen.

2. Als Zweites wird untersucht, inwieweit die erstellten Black Box Modelle, die auf Daten des definierten Anwendungsfalls beruhen, auf weitere Anwendungsfälle übertragen werden können. Die vermutete schlechte Übertragbarkeit von Black Box Modellen wurde bereits in der zentralen Annahme der Arbeit formuliert. Eine Bestätigung der Annahme würde die anwendungsfallspezifische Kombination von Black und White Box zu einem Grey Box Modell je Zielgröße stützen.

3. Im nächsten Schritt wird untersucht, wie die beiden Ansätze der White und Black Box Modellierung sinnvoll kombiniert werden können, um speziell auf deren Vor- und Nachteile bei der Übertragbarkeit und breiten Anwendung im Gegensatz zur Spezialisierung einzugehen und dadurch ein Grey Box Modell zu realisieren, das eine bessere Zielgrößenprädiktion liefert als die Einzelmodelle.

4. Anschließend wird das inverse Problem formuliert, das darin besteht, nicht mehr bei gegebenen Eingangsgrößen die Zielgrößen möglichst genau vorherzusagen, sondern für die Zielgrößen ein gewünschtes Optimum zu definieren und die dafür notwendigen Eingangsgrößen durch die Bestimmung der Minima der Modelle abzuleiten. Für die entwickelte Grey Box zur Prädiktion und Optimierung wird für die Interaktion mit dem Maschinenbediener eine geeigenete Benutzerschnittstelle (Human-Machine-Interface – HMI) benötigt.

3.4 Forschungsfragen

Aus den hier beschriebenen Zwischenzielen ergibt sich die folgende Hauptforschungsfrage, die im Rahmen der vorliegenden wissenschaftlichen Arbeit beantwortet wird.

Forschungsfrage	Können komplexe Technologien, wie das Fused Deposition Modeling, durch eine modellbasierte Parametervorgabe beherrschbar gemacht und optimiert werden?

Darüberhinaus werden zur Beantwortung der Hauptforschungsfrage folgende Teilforschungsfragen adressiert. In der rechten Spalte in sind die Kapitel aufgelistet, die sich der Beantwortung der entsprechenden Teilforschungsfragen widmen. Nur wenn alle Teilforschungsfragen mit ja beantwortet werden können, so kann auch die Hauptforschungsfrage positiv beantwortet werden.

I	Wie unterscheiden sich empirische (Black Box) sowie physikalische (White Box) Modelle in der Vorhersage des Systemverhaltens eines Fused Deposition Modeling Prozesses für einen Anwendungsfall?	4.2, 4.3, 4.4, 4.5
II	Ist eine generelle Übertragbarkeit der Black Box Modelle auf andere Anwendungsfälle nicht gegeben und ist folglich eine anwendungsfallspezifische Kombination der Black und White Modelle zu einer Grey Box und Adaption der Black Box zielführend?	5.2
III	Wie kann eine solche Kombination der Modelle (Grey Box) realisiert werden, so dass das resultierende Modell eine bessere Prädiktion des Systemverhaltens erlaubt als die Einzelmodelle?	5.1, 5.2, 5.3, 5.4, 5.5, 5.6
IV	Kann durch die Umkehrung des entwickelten Grey-Box Modells und die kontinuierliche Adaption der Modelle eine optimale Parametervorgabe für das Fused Deposition Modeling realisiert werden?	5.6, 6.1, 6.2

4 Modellbildung zur Prädiktion eines beispielhaften FDM Prozesses

Im folgenden Kapitel wird die Modellierung eines beispielhaften FDM Prozesses theoretisch beschrieben, durch Experimente praktisch umgesetzt und validiert. Dazu wird zu Beginn das betrachtete 3D-Drucksystem ausführlich vorgestellt (4.1). Anschließend werden geeignete Stell- und Zielgrößen definiert bzw. ausgewählt (4.2). Danach erfolgt die Black und White Box Modellierung für jede der beschrieben Zielgrößen (4.3 und 4.4). Diese Modelle werden durch entsprechende Versuche evaluiert und validiert (4.5). Die bis hierhin beschriebenen Punkte dienen der Beantwortung der Teilforschungsfrage I. Zur Beantwortung der sich anschließenden Teilforschungsfrage II werden im Folgenden Untersuchungen zur Übertragbarkeit der entwickelten Modelle auf weitere Anwendungsfälle durchgeführt (4.5.2).

4.1 Beschreibung des beispielhaften FDM Prozesses (3D-Drucksystem)

Bei dem betrachteten 3D-Drucksystem handelt sich um den kommerziellen 3D-Drucker UM2 der Firma Ultimaker. Der Drucker arbeitet nach dem Verfahren des FDM, welches bereits in Kapitel 2.3.7 ausführlich vorgestellt wurde. Wie in Abbildung 4-4 zu erkennen ist, sind alle Komponenten in bzw. an einem Gehäuse verbaut, welches nach oben und vorne offen ist. An der hinteren Abdeckung befindet sich die Rollenhalterung, an der die Filamentrolle befestigt ist. Über die Materialzuführung wird das Filament durch das Filamentführungsrohr, gestützt durch die sogenannte Bowden-Tube, geleitet. Am Druckkopf/Extruder wird das Filament aufgeschmolzen und auf die Konstruktionsplattform aufgetragen. Der Druckkopf kann über zwei Motoren in zwei Achsen parallel zur Konstruktionsplatte bewegt werden. Die Platte wird zu Beginn durch einen dritten Motor bis zum Extruder angehoben und anschließend bei jeder Schicht um die einzustellende Schichtdicke abgesenkt.[140]

[140] vgl. **Ultimaker** (Handbuch), 2014, S. 23,

Abbildung 4-1: Verwendetes 3D-Drucksystem mit Beschreibung der einzelnen Komponenten[141]

Abbildung 4-2 zeigt den Druckkopf, bestehend aus dem Extruder, einem Heizelement, zwei Lüftern und einer Düse (links). Weiterhin sind die Führungsschienen sowie die Motoren (Spindelantriebe) für die horizontale Bewegung des Druckkopfes zu erkennen (rechts).

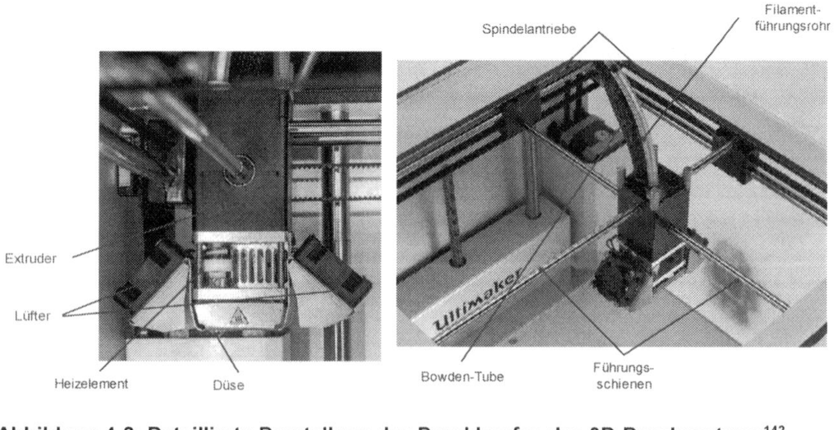

Abbildung 4-2: Detaillierte Darstellung des Druckkopfes des 3D-Drucksystems[142]

[141] vgl. **brunner, L.** (Ultimaker 2), 2016

[142] vgl. **Nitz, S.** (Ultimaker 2), 2016

Das vorgestellte 3D-Drucksystem, welches das FDM Verfahren verwendet, wird im weiteren Verlauf dieser Arbeit entsprechend der vorliegenden Fragestellung modelliert. Zu diesem Zweck werden im folgenden Kapitel zunächst geeignete Stell- und Zielgrößen definiert.[143]

4.2 Definition von Stell- und Zielgrößen

Zu Beginn der Modellierung des betrachteten Systems erfolgt die Definition geeigneter Stell- und Zielgrößen. Dadurch können die gewählten Stellgrößen in geeigneten Experimenten variiert und die resultierenden Zielgrößen gemessen werden.

4.2.1 Zielgrößen

Zielgrößen sind diejenigen Größen, die durch eine geeignete Einstellung der Parameter optimiert werden sollen. Es existieren zahlreiche in Frage kommende Zielgrößen für Fertigungsprozesse. Insofern kann an dieser Stelle lediglich eine sinnvolle Auswahl von Zielgrößen getroffen werden. Eine klassische und vielfach betrachtete Zielgröße von Produktionsprozessen ist die Fertigungszeit, da diese häufig direkt mit den Kosten eines Bauteils korreliert[144]. Bei dem vorliegenden System wird unter der Fertigungszeit nur die sog. Druckzeit verstanden. Die Zeiten für das Aufwärmen von Plattform und Düse werden explizit nicht mit in die Fertigungszeit einbezogen, da diese hauptsächlich vor dem ersten Druck eine wichtige Rolle spielen. Als weitere Zielgröße wird die Ressource Energie betrachtet, da auch diese sich direkt in Kosten ausdrücken lässt und speziell in den letzten Jahren zunehmend an Bedeutung gewonnen hat[145]. Die weiteren Zielgrößen beschreiben die Qualität des produzierten Bauteils. Zum einen ist dies die Maßhaltigkeit als Grad an Übereinstimmung der Ist-Maße des Bauteils mit den im CAD-Modell definierten Soll-Maßen, die eine wichtige Größe in der Konstruktionslehre darstellt[146]. Zum anderen ist dies die Oberflächenrauheit, die ebenfalls erheblichen Einfluss auf die Qualität eines Bauteils haben kann[147].

---

[143] vgl. **iGo3D** (Ultimaker 2), 2016

[144] vgl. **Brecher, C.** (Integrative Produktionstechnik für Hochlohnländer), 2011, S. 29ff; **Rechberg, U.** (Systemgestützte Kostenschätzung), 1997, S. 107ff

[145] vgl. **Neugebauer, R.; Westkämper, E.; Klocke, F.; Spath, D.; Schenk, M.; Michaelis, A.; Hompel, M.** ten; **Weidner, E.** (Energieeffizienz in der Produktion), 2008, S. 1ff

[146] vgl. **Zhou, J.; Herscovici, D.; Chen, C.** (Parametric process optimization for stereolithography parts), 2000, **Koller, R.** (Konstruktionslehre), 1998, S. 215

[147] vgl. **Shiou, F.-J.; Gao, J.-S.** (Effect of slice thickness on the profile accuracy of RP), 2003, S. 796

4.2.2 Definition potenzieller Stellgrößen

Stellgrößen sind im hier betrachteten Anwendungsfall diejenigen Parameter, die sich zum einen am 3D-Drucker einstellen lassen und zum anderen einen potenziellen Einfluss auf die zuvor definierten Zielgrößen haben. Dieser Einfluss kann zum Beispiel aus der Literatur oder durch Vorexperimente bestimmt werden. Der erste Schritt bei der Definition geeigneter Stellgrößen ist eine Analyse des betrachteten 3D-Drucksystems „Ultimaker UM 2“. Dieser 3D-Drucker bietet in Summe 23 einstellbare Parameter und potenzielle Stellgrößen, um den Druckprozess zu beeinflussen. In Tabelle 2 sind alle möglichen Stellgrößen des betrachteten 3D-Druckprozesses aufgelistet (wie in der Druckersoftware werden auch hier die englischen Bezeichnungen verwendet).

Tabelle 2: Mögliche Stellgrößen des betrachteten 3D-Druckprozesses

Nummer	Parameter	Nummer	Parameter
1	Layer Height	13	Retraction Speed
2	Shell thickness	14	Retraction distance
3	Bottom/top thickness	15	Initial layer thickness
4	Fill density	16	Initial layer line width
5	Print speed	17	Cut off object bottom
6	Printing temperature	18	Dual extrusion overlap
7	Bed temperature	19	Travel speed
8	Support type	20	Bottom layer speed
9	Platform adhesion type	21	Infill speed
10	Diameter	22	Outer shell speed
11	Flow	23	Inner shell speed
12	Nozzle size		

Im Folgenden wird eine Auswahl getroffen, welche dieser Parameter als Stellgröße ausgewählt und in Experimenten analysiert werden. Dies ist notwendig, um den Versuchsaufwand zu reduzieren. Zum besseren Verständnis dieser Vorauswahl erfolgt zunächst eine kurze Beschreibung der potenziellen Stellgrößen. Ebenfalls werden durch Herstellerangaben erste Hinweise zu Einflüssen dieser Stellgrößen auf bestimmte Zielgrößen gegeben[148]:

[148] vgl. **Ultimaker** (Bedienungsanleitung Cura), 2014, S. 5ff; **Hauser, H.; Fussenegger, M.** (Tissue Engineering), 2007, S. 120; **Stokes, M.** (3D printing for architects), 2013, 20–30;

Layer Height [mm] (1)

Definiert die Dicke einer jeden einzelnen gedruckten Schicht. Prinzipiell ist bei kleineren Schichtdicken eine detailreichere Oberfläche des gedruckten Objekts zu erwarten. Mittlere Schichtdicken, die mit dem „Ultimaker UM2" erzeugt werden können, liegen zwischen 0,1 und 0,3 mm.

Shell thickness [mm] (2)

Definiert die Dicke der Seitenwände des Druck-Objekts (Wandstärke). Dieser Parameter kann die Dicke des Düsendurchmessers nicht unterschreiten. Die Wand wird aus mehreren Linien, die durch den Düsendurchmesser bestimmt sind, aufgebaut. Für besondere Eigenschaften wie Dichtigkeit, sind höhere Wandstärken erforderlich. Standardwerte für diesen Parameter bewegen sich zwischen 0,8 und 1,2 mm.

Bottom/top Thickness [mm] (3)

Dieser Parameter definiert die obere und untere Wand des Objekts als Ergänzung zur Shell thickness (Seitenwände). Er sollte laut Hersteller als ein Vielfaches der Schichtdicke (Layer Height) gewählt werden.

Fill density [%] (4)

Beschreibt wie dicht das Objekt im Inneren gedruckt wird. Hundert Prozent ergeben ein vollkommen gefülltes Objekt, null Prozent entsprechen einem vollkommen hohlen Objekt. Bei einer hohen *Fill density* ist das Objekt stabiler, allerdings steigen auch die Dauer des Drucks und die Materialkosten. Ein mittlerer Wert, der für die meisten Anforderungen ausreichend ist, beträgt 20-30 %.

Print speed [mm/s] (5)

Definiert die Geschwindigkeit mit der der Extruder sich während der Materialablage bewegt. Höhere Geschwindigkeiten bedeuten niedrigere Druckzeiten bei schlechterer Qualität und umgekehrt. Werden die Geschwindigkeiten für *Travel speed*, *Bottom layer speed*, *Infill speed*, *Outer* und *inner shell speed* (siehe unten) definiert, so wird die *print speed* nicht weiter benötigt, da sich diese direkt daraus ergibt.

Nozzle temperature [°C] (6)

Definiert die Temperatur in der Düse des Druckers, kurz bevor das Material extrudiert wird und beeinflusst direkt die Temperatur und Viskosität des Materials, wenn es abgelegt wird. Aufgrund verschiedener Schmelzpunkte hat die Art des gewählten Materials einen erheblichen Einfluss auf die zu wählende *Nozzle temperature*. Der Hersteller gibt für das Material ABS beispielsweise Werte zwischen 240 und 245 °C und für PLA Werte zwischen 180

Onwubolu, G.; Rayegani, F. (Optimization of Mechanical Properties of ABS Parts), 2014, S. 3

und 200°C an. Laut Hersteller muss die Temperatur auch in Abhängigkeit der Druckgeschwindigkeit gewählt werden und hat Einfluss auf Fadenbildung beim Druck und die Stabilität des Objekts.

Bed temperature [°C] (7)

Dieser Parameter definiert die Temperatur des Druckbetts / der Plattform. Er hat einen starken Einfluss darauf, wie sehr das Objekt am Druckbett haftet. Weiterhin beeinflusst der Parameter indirekt die Temperatur der obersten Schicht, wenn weiteres Material abgelegt wird, allerdings umso weniger, je mehr Schichten bereits abgelegt wurden. Der Hersteller gibt für das Material ABS beispielsweise Werte zwischen 100 und 120°C und für PLA Werte zwischen 50 und 60°C an.

Support type (8)

Dieser Parameter definiert die Art der Stützstrukturen, die notwendig sind, um Objekte zu drucken, die starke Überhänge besitzen.

Platform adhesion type (9)

Der Parameter definiert, ob ein sogenanntes *brim* oder *raft* gedruckt werden soll. Ein *brim* sind dünne Linien um das Druckobjekt herum, um dieses an seiner Position zu halten. Ein *raft* ist eine dünne Schicht, die zu Beginn auf das Druckbett gedruckt wird, bevor mit dem eigentlichen Objekt begonnen wird. Dies soll verhindern, dass sich das Objekt von der Plattform löst.

Diameter [mm] (10)

Dies ist der Durchmesser des Filaments, der als konstant angenommen wird und beträgt bei dem verwendeten Material 2,85 mm.

Flow [%] (11)

Es handelt sich um den Korrekturfaktor für die Menge des Kunststoffs, die extrahiert werden soll. Kleine Fehler in den Einstellungen können damit korrigiert werden. Ansonsten wird der Wert auf 100 % gesetzt.

Nozzle size [mm] (12)

Er definiert den Durchmesser der Düse, durch den das Material extrahiert wird. Dieser ist durch den Tausch der Düse veränderbar und beträgt bei der Standarddüse 0,4 mm.

Retraction speed [mm/s] (13)

Dieser Parameter definiert die Geschwindigkeit, mit der das Material zurückgezogen wird. Dies ist der Fall, wenn der Drucker zu einer anderen Position fährt, ohne Material abzulegen (Leerfahrt). Dadurch soll Fadenbildung vor einer Leerfahrt vermieden werden.

Retraction distance [mm] (14)

Dieser Parameter bezieht sich ebenfalls auf das Zurückziehen des Materials. Er beschreibt wie viel Filament in diesem Fall zurückgezogen wird.

Initial layer thickness [mm] (15)

Der Parameter ermöglicht es, die erste Schicht in einer anderen Schichtdicke zu fertigen als alle übrigen Schichten.

Initial layer line width [%] (16)

Der Parameter beschreibt die Breite der untersten Schicht.

Cut off object bottom [mm] (17)

Der Parameter erlaubt es, vom unteren Teil eines Objektes etwas abzuschneiden. Dies wird zum Beispiel zum Druck einer Kugel verwendet.

Dual extrusion overlap [mm] (18)

Dies beschreibt den Grad der Überlappung des Materials, wenn mehrere Extruder verwendet werden (Der Ultimaker UM2 erlaubt den nachträglichen Einbau einer zweiten Düse).

Travel speed [mm/s] (19)

Der Parameter beschreibt die Geschwindigkeit, mit der sich der Druckkopf in eine jede Achsenrichtung bewegt, wenn kein Material abgelegt wird.

Bottom layer speed [mm/s] (20)

Er definiert die Geschwindigkeit, mit der sich der Druckkopf in eine jede Achsenrichtung während des Drucks der untersten Schicht bewegt. Beim Druck der untersten Schicht sind generell niedrigere Geschwindigkeiten erforderlich, damit das Material besser an der Plattform haftet.

Infill speed [mm/s] (21)

Dies definiert die Geschwindigkeit, mit der sich der Druckkopf in jede Achsenrichtung bewegt, wenn gerade die Füllung eines Objektes gedruckt wird. Laut Hersteller hat dieser Wert einen großen Einfluss auf die Druckzeit.

Outer shell speed [mm/s] (22)

Der Parameter definiert die Geschwindigkeit, mit der sich der Druckkopf in eine jede Achsenrichtung bewegt, wenn die äußeren Schichten (Seitenwände) gedruckt werden.

Inner shell speed [mm/s] (23)

Der Parameter definiert die Geschwindigkeit, mit der sich der Druckkopf in eine jede Achsenrichtung bewegt, wenn die inneren Schichten (Seitenwände) gedruckt werden.

Bevor die Auswahl der Stellgrößen vorgenommen werden kann, ist die Betrachtung eines spezifischen Anwendungsfalls erforderlich, da zu erwarten ist, dass die Einflüsse der potenziellen Stellgrößen je nach Anwendungsfall variieren.

4.2.3 Betrachtete Bauteilgeometrie

Der im Rahmen dieser wissenschaftlichen Arbeit betrachtete Verfahrensprozess ist, wie bereits oben beschrieben, das FDM Verfahren (vgl. Kapitel 2.3.7). Weiterhin wurde für alle Versuche ein „Ultimaker UM 2“ 3D-Drucker verwendet. Dabei handelt es sich um einen 3D-Drucker aus dem unteren Preissegment (vgl. 4.1). Die ausgewählten Zielgrößen sind, wie auch die Stellgrößen, in hohem Maße bauteilabhängig. Dies wird ersichtlich, wenn das Beispiel der Zielgröße Druckzeit betrachtet wird. Die Geometrie des zu druckenden Bauteils und dessen Volumen sind entscheidend, wenn die benötigte Druckzeit bestimmt werden soll. Insofern wird im Rahmen dieser Arbeit der Ansatz verfolgt, zur erstmaligen Modellierung des 3D-Drucksystems ein beispielhaftes Objekt zu verwenden und im Anschluss die Übertragbarkeit auf andere Anwendungsfälle zu prüfen. Wie in Kapitel 4.2.1 beschrieben, werden die Zielgrößen Druckzeit, Energieverbrauch, Maßhaltigkeit und Oberflächenrauheit betrachtet. Das beispielhaft zu druckende Objekt wurde so ausgelegt, dass die Qualitätsgrößen Maßhaltigkeit und Oberflächenrauheit an mehreren Stellen gemessen werden können und es wird erwartet, dass die Ausprägung der Zielgrößen auch entsprechend unterschiedlich ausfallen wird. In Abbildung 4-3 ist das zu druckende Objekt dargestellt.

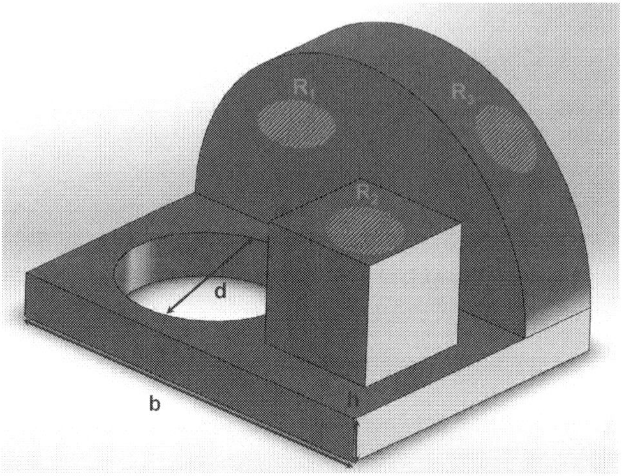

Abbildung 4-3: Beispielhaft zu druckendes Objekt

Weiterhin sind in Abbildung 4-3 die Stellen visualisiert, an denen die Ausprägungen der Qualitätszielgrößen Maßhaltigkeit und Oberflächenrauheit gemessen werden. Für die Oberflächenrauheit wurden drei Stellen ausgewählt (Seitenfläche der Rundung R_1, obere Fläche des Würfels R_2 und obere Kante der Rundung R_3), ebenso für die Maßhaltigkeit (Gesamtbreite b, Durchmesser der Bohrung d und Höhe der Grundebene h). Die Druckzeit t_{pr} und der Energieverbrauch E_{el} besitzen hingegen nur eine Ausprägung. Folglich existieren inklusive aller Ausprägungen acht zu betrachtende Zielgrößen (m=8) (vgl. Tabelle 3).

Tabelle 3: Zielgrößen

Zielgrößen	Formelzei-
Druckzeit	t_{pr}
Maßhaltigkeit (Breite)	b
Maßhaltigkeit (Höhe)	h
Maßhaltigkeit (Durchmesser)	d
Oberflächenrauheit 1	R_1

Oberflächenrauheit 2	R_2
Oberflächenrauheit 3	R_3
Energieverbrauch	E_{el}

4.2.4 Auswahl der zu betrachtenden Stellgrößen

Bei der Auswahl von Stellgrößen für die Modellierung des betrachteten 3D-Drucksystems wird im Folgenden unterschieden, da einige der beschriebenen potenziellen Stellgrößen für den betrachteten Anwendungsfall nicht relevant sind oder ihr Einfluss auf die betrachteten Zielgrößen vernachlässigbar gering ist. Weitere Parameter die einen nicht vernachlässigbaren Einfluss haben, werden während der Versuche konstant gehalten, um die Anzahl der betrachteten Stellgrößen und den Versuchsaufwand zu reduzieren. In Tabelle 4 ist die Auswahl der Stellgrößen aus allen potenziellen Stellgrößen des 3D-Druckssystems noch einmal zusammenfassend dargestellt (grün markierte Parameter werden nachfolgend als Stellgrößen betrachtet) und im Anschluss wird die Auswahl entsprechend erläutert und begründet.

Tabelle 4: Auswahl der Stellgrößen des betrachteten 3D-Druckprozesses

Nummer	Parameter	Nummer	Parameter
1	Layer Height	13	Retraction Speed
2	Shell thickness	14	Retraction distance
3	Bottom/top thickness	15	Initial layer thickness
4	Fill density	16	Initial layer line width
5	Print speed	17	Cut off object bottom
6	Nozzle temperature	18	Dual extrusion overlap
7	Bed temperature	19	Travel speed
8	Support type	20	Bottom layer speed
9	Platform adhesion type	21	Infill speed
10	Diameter	22	Outer shell speed
11	Flow	23	Inner shell speed
12	Nozzle size		

An dieser Stelle wird erläutert welche Parameter und warum diese in den nachfolgenden Experimenten nicht weiter betrachtet werden:

- Es wird erwartet, dass der Parameter *Shell thickness* (2) einen Einfluss auf die mechanische Belastbarkeit des Bauteils hat, welche jedoch im Rahmen dieser Arbeit nicht als Zielgröße betrachtet wird (vgl. Kapitel 4.2.1). Dickere Außenwände bewirken auch längere

Druckzeiten und höhere Energieverbräuche, solche Einflüsse werden jedoch bereits durch die Parameter *Layer height* oder *Fill density* berücksichtigt. Der Parameter wird daher in den nachfolgenden Experimenten nicht als Stellgröße betrachtet und daher konstant gehalten.

- Für den Parameter *Bottom / top thickness (3)* greift die gleiche Argumentation wie für die *Shell thickness*. Die Dicke der Außenwände hat einen Einfluss auf die mechanische Belastbarkeit des Bauteils. Der wahrscheinlich vorhandene Einfluss auf längere Druckzeiten und höhere Energieverbräuche wird durch Stellgrößen wie *Layer height* oder *Fill density* berücksichtigt.
- Der Parameter *Support type (8)* hat im betrachteten Anwendungsfall keinen Einfluss, da das Objekt ohne Stützmaterial gedruckt werden kann und wird ebenfalls ausgeschlossen.
- Weiterhin wird der Parameter *Platform adhesion type (9)* ausgeschlossen, da beim Druck des Objektes kein *brim* oder *raft* verwendet wird (vgl. Kapitel 4.2.1).
- Der Durchmesser des Filaments wird als konstant angenommen. Zwar ist er höchstwahrscheinlich nicht exakt gleichmäßig, als Stellgröße kommt der Parameter *Diameter (10)* jedoch nicht in Frage, da er nicht kontrolliert werden kann und wird daher ausgeschlossen.
- Bei dem Parameter *Flow (11)* handelt es sich um eine Größe, die zur Detaileinstellung dient (vgl. Kapitel 4.2.1). Wie Vorexperimente gezeigt haben, sind keine signifikanten Einflüsse auf die Zielgrößen zu erwarten und der Parameter wird daher in den nachfolgenden Experimenten konstant gehalten.
- Es wird erwartet, dass der Durchmesser der Düse *Nozzle size (12)* prinzipiell einen großen Einfluss auf die Zielgrößen hat. Da dessen Änderung jedoch einen aufwendigen Wechsel der Düse erfordern würde, wird auch dieser Parameter ausgeschlossen und die gleiche Düse in allen Experimenten verwendet.
- Wie in Kapitel 4.2.1 beschrieben haben die beiden Parameter *Retraction speed (13) und Retraction distance (14)* einen Einfluss auf die Fadenbildung. Da diese nur auftritt, wenn der Drucker zu einer anderen Position fährt, ohne Material abzulegen (Leerfahrt), wird ein Einfluss auf die Zielgröße *Oberflächenrauheit* nur punktuell erwartet. Es ist anzunehmen, dass die weiteren Zielgrößen nicht tangiert werden. Die Parameter werden daher in den weiteren Betrachtungen konstant gehalten.
- Die Parameter *Initial layer thickness [mm] (15)* und *Initial layer line width [mm] (16)* haben lediglich Einfluss auf die unterste Schicht. Sie werden daher in den weiteren Experimenten nicht weiter berücksichtigt und konstant gehalten.
- Der Parameter *Cut off object bottom (17)* ist für den betrachteten Anwendungsfall nicht relevant, da die Möglichkeit, einen Teil des Modells abzuschneiden, nicht verwendet wird.
- Gleiches gilt für den Parameter *Dual extrusion overlap (18)*. Da im 3D-Drucksystem keine zweite Düse verbaut ist, wird das Objekt aus einem Material gefertigt und der Parameter nicht weiter betrachtet.
- Die Parameter *Travel speed (19)*, *Outer shell speed (22)* und *Inner shell speed (23)* werden nicht einzeln variiert, stattdessen durch den Parameter *Print speed (5)* substituiert. Die Druckgeschwindigkeit wird als Stellgröße betrachtet, jedoch ist diese bei Bewegung des Druckkopfs ohne Materialablage sowie beim Druck der äußeren und inneren Schichten gleich.

Somit verbleiben sieben Stellgrößen, die als potenzielle Einflüsse auf die Zielgrößen im Rahmen der Experimente weiter betrachtet werden (n=7). Um die Ergebnisse der Versuche geeignet und übersichtlich darstellen zu können, werden die ausgewählten Stellgrößen durch entsprechende Formelzeichen repräsentiert. In Tabelle 5 werden die Stellgrößen noch einmal mit entsprechender Bedeutung und Formelzeichen aufgelistet:

Tabelle 5: Ausgewählte Stellgrößen mit Zeichen für den Versuch und Formelzeichen

Parameter	Bedeutung	Formelzeichen
Layer height	Schichtdicke	d_L
Nozzle Temperature	Temperatur der Düse	T_N
Platform Temperature	Temperatur der Plattform	T_p
Fill Density	Fülldichte	D_f
Print Speed	Druckgeschwindigkeit	v_{pr}
Bottom Layer Speed	Druckgeschwindigkeit untere Lage	$v_{pr,B}$
Infill Speed	Druckgeschwindigkeit beim Füllen	$v_{pr,I}$

4.2.5 Zwischenfazit

Nachdem Zielgrößen definiert (4.2.1), das betrachtete System beschrieben (4.2.3) und die Stellgrößen zunächst vorgestellt und anschließend ausgewählt wurden (4.2.4), ist das in den nachfolgenden Experimenten zu betrachtende System ausreichend definiert (Abbildung 4-4) und kann modelliert werden.

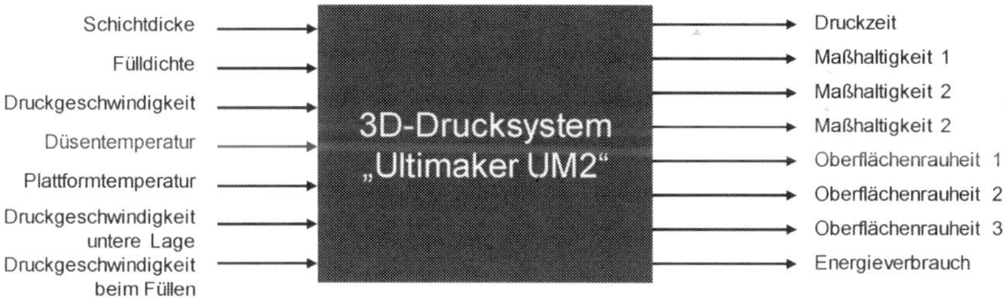

Abbildung 4-4: Betrachtetes System mit definierten Stell- und Zielgrößen

4.3 Empirische Modellbildung (Black Box)

In diesem Kapitel wird die empirische Modellbildung des betrachteten 3D-Drucksystems beschrieben. Dies geschieht in Anlehnung an die vorgestellten Konzepte aus Kapitel 2.2.3 anhand der statistischen Versuchsplanung (engl. Design of Experiments – DoE). Dazu werden die Parameter nach festen Regeln variiert und die entsprechenden Effekte in den Zielgrößen gemessen, mit dem Ziel, statistische Zusammenhänge zwischen Parametern und Zielgrößen zu erkennen und mathematisch zu beschreiben. Die statistische Versuchsplanung und die Auswertung der Versuche wurden mit Hilfe der Software Minitab (Version 17) durchgeführt.

4.3.1 Experiment für die statistische Modellbildung

Wie bereits beschrieben, werden für die Versuche sieben Parameter betrachtet. Im Rahmen der statistischen Versuchsplanung wird in diesem Zusammenhang von Faktoren gesprochen. Jeder Faktor erhält im Folgenden zwei Faktorstufen, Ausprägungen, zwischen denen dieser variiert wird. Der Aufwand für eine Replikation des daraus entstehenden vollfaktoriellen Versuchsplans wäre damit 2^7= 128 Versuche. Um den Versuchsaufwand zu reduzieren, wird für die experimentelle Modellbildung ein teilfaktorieller Versuchsplan mit halber Fraktion und Auflösung VII gewählt (2_{VII}^{7-1}) gewählt. Es ist somit keine Vermengung von Haupteffekten und Zweifachwechselwirkungen zu erwarten. Weiterhin wird der Versuchsplan um einen Zentralpunkt erweitert, deren Werte genau zwischen den tiefen und hohen Faktorstufen gesetzt sind (vgl. Abbildung 4-5)[149]. Es werden folglich 68 (64 + 4) Versuche durchgeführt. In Tabelle 6 sind die Faktoren mit den entsprechenden Faktorstufen aufgelistet. Die Werte für die jeweiligen Faktorstufen wurden in Vorversuchen eruiert und mit Empfehlungen des Herstellers abgeglichen[150]. Der vollständige, randomisierte[151] Versuchsplan ist in Anhang 9.1.1 dargestellt.

In Tabelle 7 sind die ebenfalls in der Systemanalyse identifizierten Parameter dargestellt, die im Experiment nicht variiert werden. Diese Parameter werden auf einen möglichst robusten Standardwert (Empfehlung des Herstellers) gesetzt und konstant gehalten. Die entsprechenden Werte sind der Tabelle zu entnehmen.

---

[149] vgl. **Siebertz, K.; van Bebber, D.; Hochkirchen, T.** (Design of Experiments (DOE)), 2010, S. 39ff; **Mukerjee, R.; Wu, C.-F.** (Factorial design), 2006, S. 151

[150] vgl. **Ultimaker** (Bedienungsanleitung Cura), 2014, S. 6ff

[151] vgl. **Siebertz, K.; van Bebber, D.; Hochkirchen, T.** (Design of Experiments (DOE)), 2010, S. 82ff

Tabelle 6: Faktorstufen für die statistische Versuchsplanung

Parameter	Formelzeichen	Niedrige Faktorstufe	Zentrale Faktorstufe	Hohe Faktorstufe
Layer Height	d_L	0,06 mm	0,155 mm	0,25 mm
Nozzle Temperature	T_n	220 °C	240 °C	260 °C
Platform Temperature	T_p	70 °C	80 °C	90 °C
Fil Density	D_f	10 %	20 %	30 %
Print Speed	v_{pr}	40 mm/s	60 mm/s	80 mm/s
Bottom Layer Speed	$v_{pr,B}$	20 mm/s	30 mm/s	40 mm/s
Infill Speed	$v_{pr,I}$	30 mm/s	45 mm/s	60 mm/s

Im Anschluss werden die 68 Versuche durchgeführt. Das bedeutet, dass das in Kapitel 4.2.3 vorgestellte Bauteil 68-mal mit dem betrachteten 3D-Drucksystem hergestellt wird. Die Zielgrößen *Energieverbrauch* und *Druckzeit* werden während jedes Drucks gemessen. Die Zielgrößen *Maßhaltigkeit* und *Oberflächenrauheit* werden im Anschluss ausgewertet. Dazu werden die gedruckten Bauteile nach dem Druck markiert, um sie mit der entsprechenden Versuchsnummer zu versehen und die dazugehörigen Parametereinstellungen identifizieren zu können. Die Ergebnisse des Experiments sind in Anhang 9.1.2 dargestellt.

Tabelle 7: Konstante Parameter für das Experiment

Parameter	Wert	Parameter	Wert
Shell thickness	0,6 mm	**Retraction speed**	40 mm/s
Bottom/top thickness	0,6 mm	**Initial layer thickness**	0,3 mm
Support type	Keiner	**Initial layer line width**	100 %
Platform adhesion type	keiner	**Cut off object bottom**	0 mm
Diameter	2,85 mm	**Dual extrusion overlap**	0,15 mm
Flow	100 %	**Travel speed**	150mm/s
Nozzle size	0,4 mm	**Outer shell speed**	0 mm/s
Retraction distance	4,5 mm	**Inner shell speed**	0 mm/s

Nach der Durchführung des Experiments werden die Daten dahingehend untersucht, ob ein statistisch signifikanter Zusammenhang zwischen den Faktoren und den Zielgrößen vorliegt. Dies geschieht mithilfe der Methode Varianzanalyse (analysis of variances – ANOVA) separat für jede Zielgröße. Die auf dem sogenannten F-Test basierende Varianzanalyse als Standardverfahren zum Nachweis von systematischen Effekten in Stichproben geht davon aus, dass ein Effekt dann vorliegt, wenn es signifikante Unterschiede zwischen den Varianzen innerhalb der durch die Faktorstufen gebildeten Teilgruppen der experimentellen Stichprobe und der Varianz der Teilgruppenmittelwerte gibt. Die entsprechende Nullhypothese lautet, dass diese Varianzen gleich sind, folglich kein Effekt durch Variation eines Faktors entsteht. Entsprechend beschreibt die Alternativhypothese einen signifikanten Unterschied und damit Einfluss des Faktors auf die Zielgröße. Zur Auswertung der Hypothesen wird der p-Wert betrachtet. Dieser beschreibt die Wahrscheinlichkeit, einen Fehler 1. Art zu machen, d.h. dass die Nullhypothese zurückgewiesen wird, obwohl sie wahr ist. Für die Analysen wird der Grenzwert für den p-Wert auf den häufig verwendeten Wert von 0,05 festgelegt[152]. Liegt der p-Wert unter diesem Grenzwert, wird die Nullhypothese nicht verworfen. Neben den Effekten der Parameter wird im Rahmen der ANOVA außerdem die Krümmung des Systemverhaltens untersucht. Eine Krümmung liegt genau dann nicht vor, wenn der gemittelte Wert der Zielgrößen an den Zentralpunkten genau dem Durchschnitt der gemittelten Werte der Zielgrößen an den tiefen und hohen Faktorstufen entspricht. Weicht der Wert an den Zentralpunkten jedoch signifikant ab, kann von einer Krümmung der Daten ausgegangen werden.[153]

Es wird die Hypothese aufgestellt, dass eine Krümmung in den Daten vorliegt (Nullhypothese). Mit Hilfe der Varianzanalyse wird auch dies überprüft. Die Daten werden analysiert und es wird der p-Wert für die Krümmung angegeben. In Tabelle 8 sind die Ergebnisse der Analyse der Daten hinsichtlich der Krümmung für alle Zielgrößen aufgeführt. Es ist zu erkennen, dass für die beiden Zielgrößen *Druckzeit* und *Maßhaltigkeit (Breite)* der p-Wert für die Krümmung kleiner ist als der Grenzwert 0,05. Somit wird die Nullhypothese, dass in den Daten eine Krümmung vorhanden ist, nicht verworfen. Auch wenn für die anderen Zielgrößen der p-Wert größer ist als der Grenzwert 0,05 und angenommen wird, dass für diese Größen keine Krümmung vorhanden ist, so wird das Gesamtmodell jedoch als nichtlinear betrachtet.

Tabelle 8: p-Werte der Krümmungen für die einzelnen Zielgrößen

Zielgrößen	Formelzeichen	p-Wert der Krümmung
Druckzeit	t_{pr}	0,000
Maßhaltigkeit (Breite)	b	0,041
Maßhaltigkeit (Höhe)	h	0,168
Maßhaltigkeit (Durchmesser)	d	0,665

[152] vgl. **Bender, R.; Lange, S.** (Was ist der p-Wert?), 2001

[153] vgl. **Minitab** (Assistant White Paper), 2015;**Mukerjee, R.; Wu, C.-F.** (Factorial design), 2006, S. 85

Oberflächenrauheit 1	R_1	0,911
Oberflächenrauheit 2	R_2	0,083
Oberflächenrauheit 3	R_3	0,223
Energieverbrauch	E_{el}	0,162

Um diesem Umstand gerecht zu werden und die Krümmung genauer zu analysieren, werden im Folgenden zu den bereits durchgeführten Experimenten weitere Punkte im Versuchsplan, sogenannte Sternpunkte, hinzugefügt, um einen Wirkungsflächenversuchsplan zu erstellen. In Abbildung 4-5 sind alle für das Experiment verwendeten Punkte grafisch dargestellt (Faktorstufen, Zentralpunkt und Sternpunkte).

Es ist zu erkennen, dass für jede Dimension und jeden betrachteten Faktor zwei Sternpunkte existieren. Die Werte für die Sternpunkte werden definiert in dem vom Zentralpunkt ausgegangen wird. Der Zentralpunkt wird in je einer Dimension um den sogenannten Alpha-Wert variiert und so der entsprechende Sternpunkt erzeugt. Im vorliegenden Experiment wurde der Standardwert 1,414 für Alpha verwendet. Für den in der Abbildung dargestellten Würfel (3 Dimensionen) ergeben sich sechs Sternpunkte. Für die sieben im Experiment betrachteten Faktoren sind folglich 14 Sternpunkte notwendig[154]. Diese 14 zusätzlichen Versuche werden im Anschluss durchgeführt. Die genauen Ergebnisse der zusätzlichen Planung sind in Anhang 9.1.4 dargestellt. Durch die Verwendung von Sternpunkten wurde der Versuchsplan in einen Wirkungsflächenversuchsplan überführt, der es erlaubt, neben Haupteffekten und Wechselwirkungen zwischen den Faktoren auch quadratische Effekte der Faktoren und die bereits beobachtete Krümmung zu berücksichtigen.

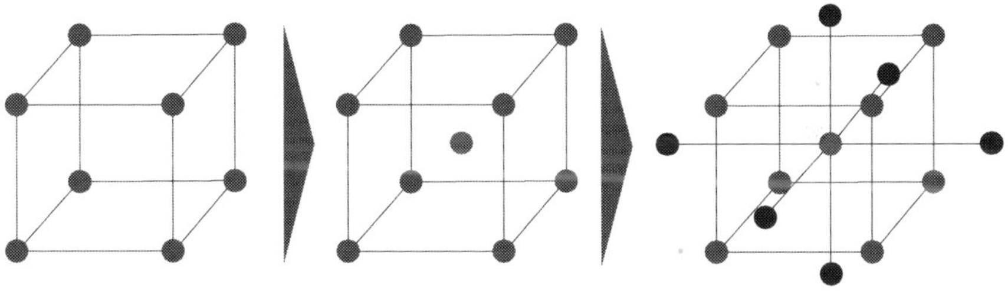

Abbildung 4-5: Faktorstufen tief/hoch (blau), Zentralpunkt (rot) und Sternpunkte (schwarz)

Nach dem Experiment mit insgesamt 82 Versuchen, werden die gesamten Daten analysiert. Ziel der Analyse ist dabei, in einem ersten Schritt die für jede Zielgröße relevanten Parameter

[154] vgl. **Eireiner, D.** (Statische Auslegung von Anlagen), 2013, S. 52

zu identifizieren und anschließend den statistischen Zusammenhang in einem Modell darzustellen. Dies geschieht ebenfalls durch die Anwendung der ANOVA Methode.

In Tabelle 9 sind die Ergebnisse der Versuche aufgelistet. In den Spalten der Tabelle sind die in Kapitel 4.2.1 definierten Zielgrößen dargestellt und in den Zeilen entsprechend die Haupteffekte der in Kapitel 4.2.2 vorgestellten Stellgrößen (Zeilen 1-7), die quadratischen Effekte (Zeilen 8-10) sowie die Wechselwirkungen zweiten Grades zwischen den Faktoren (Zeilen 11-20). In jeder Zelle ist für jeden Faktor der p-Wert angegeben und die Wahrscheinlichkeit einen Fehler zu begehen, wenn die Nullhypothese, dass dieser Faktor keinen signifikanten Einfluss auf die jeweilige Zielgröße hat, verworfen wird.

Unter Berücksichtigung von n Stellgrößen und n quadratischen Effekten sowie $(n-1)!$ Wechselwirkungen zweiter Ordnung, existieren für $n=7$ insgesamt $2n + (n-1)! = 35$ zu untersuchende Einflüsse. In der Tabelle werden jedoch alle Faktoren, quadratischen Effekte und Wechselwirkungen zweiter Ordnung, die nicht auf mindestens eine der m Zielgrößen einen signifikanten Effekt hat, zu Gunsten einer besseren Übersicht und Lesbarkeit entfernt. Somit verbleiben von 35 noch 20 Zeilen in der Tabelle für entweder einen Haupteffekt, quadratischen Effekt bzw. Wechselwirkung mit signifikantem Einfluss.

Tabelle 9: p-Werte für alle Faktoren bzw. Faktorwechselwirkungen (Zeilen) und alle Zielgrößen (Spalten) (: p-Wert ≤ 0,01; *: p-Wert ≤ 0,05)**

#	Faktor	Druckzeit	Maßhaltigkeit 1	Maßhaltigkeit 2	Maßhaltigkeit 3	Rauheit 1	Rauheit 2	Rauheit 3	Energieverbrauch
1	Layer Height	0**	0,028*	0**	0**	0**	0**	0,041*	0**
2	Nozzle Temperature	0,954	0,926	0**	0**	0**	0,269	0,107	0,05*
3	Platform Temperature	0,929	0,001**	0**	0**	0,059	0,253	0,557	0**
4	Fill Density	0**	0**	0,001**	0,008*	0,091	0,032*	0,942	0,757
5	Print Speed	0**	0,438	0,58	1	0**	0**	0,693	0,98
6	Bottom layer Speed	0**	0,109	0 **	0,691	0,24	0,664	0,491	0,63
7	Infill Speed	0**	0,42	0,175	0**	0,112	0**	0,014*	0,976
8	Layer Height* Layer Height	0**	0,532	0,007*	0,849	0,21	0,009*	0,667	0,97
9	Print Speed* Print Speed	0,682	0,095	0 **	0,158	0,68	0,509	0,708	0,838
10	Bottom layer Speed *	0,385	0,829	0,128	0,022*	0,355	0,377	0,813	0,357
11	Layer Height* Nozzle	0,761	0,752	0,432	0**	0**	0,033*	0,162	0,783
12	Layer Height* Platform	0,753	0,488	0,006*	0,003*	0,294	0,162	0,83	0,324
13	Layer Height* Fill Density	0**	0,188	0,11	0**	0,7	0,179	0,816	0,692
14	Layer Height* Infill Speed	0**	0,752	0,626	0,062	0,796	0,003*	0,592	0,379
15	Nozzle Temperature*Platform	0,979	0,006*	0,127	0,013*	0,327	0,764	0,013*	0,329
16	Nozzle Temperature*	0,827	0,285	0,095	0**	0,514	0,678	0,14	0,585
17	Nozzle Temperature*	0,753	0,007*	0,35	0,398	0,543	0,628	0,308	0,995
18	Nozzle Temperature*Bottom	0,769	0,752	0,389	0,161	0,028*	0,508	0,264	0,094
19	Fill Density* Print Speed	0,613	0,258	0,389	0,658	0,161	0,002*	0,099	0,272
20	Fill Density* Bottom layer	0,911	0,188	0,017*	0,315	0,249	0,789	0,284	0,25
21	R-Sq [%]	99,86	52,87	85,95	83,67	95,56	85,48	35,82	93,44
22	R-Sq (adj) [%]	99,81	36,37	81,04	77,95	94,04	80,40	13,36	91,14

Es wurde unterschieden zwischen Faktoren, deren p-Wert größer als 0,05 ist (zu vernachlässigender Einfluss), Faktoren deren Wert kleiner gleich 0,05 und größer als 0,01 ist (signifikanter Einfluss; in der Tabelle durch * gekennzeichnet) und Faktoren, deren p-Wert kleiner gleich

0,01 ist (sehr signifikanter Einfluss; in der Tabelle durch ** gekennzeichnet)[155]. Für jede Zielgröße wurden diejenigen Faktoren mit einem p-Wert größer 0,05 aus den Modellen entfernt.

Zur Bewertung der abgeleiteten Modelle wird anschließend das *Bestimmtheitsmaß* berechnet. Es beruht auf einer Aufteilung der gesamten Varianz der Zielgröße *Y* in die Variation der Residuen und die Varianz der Regressionswerte[156]:

$$\sum_{k=1}^{k}(y_i - \bar{y})^2 = \sum_{k=1}^{k}(y_i - \hat{y}_i)^2 + \sum_{k=1}^{k}(\hat{y}_i - \bar{y})^2 \qquad (11)$$

Das Bestimmtheitsmaß ist dann der Quotient aus der Varianz der Regressionswerte und der Gesamtvariation der Zielgröße:

$$R^2 = \frac{erklärte\ Streuung}{Gesamtstreuung} = \frac{SSE}{SST} = \frac{\sum_{k=1}^{k}(\hat{y}_i - \bar{y})^2}{\sum_{k=1}^{k}(y_i - \bar{y})^2} \qquad (12)$$

Es beschreibt somit, wieviel der Gesamtvarianz der Zielgröße durch die Varianz des Modells erklärt wird. Der Wert liegt zwischen 0 und 1, wobei der Wert 1 bedeuten würde, dass das Modell die Wirklichkeit perfekt beschreibt.

Das Bestimmtheitsmaß betrachtet jedoch nicht die Größe der Stichprobe und tendiert bei kleinen Stichprobengrößen zu einer zu positiven Bewertung. Somit wäre es im Extremfall von nur 2 Datenpunkten ebenfalls gleich 1, wodurch das Bestimmtheitsmaß wenig aussagekräftig wird. Daher wird das *korrigierte Bestimmtheitsmaß* als weitere Größen zur Bestimmung der Modellgüte betrachtet. Dieses berechnet sich wie folgt:

$$R^2{}_{adj} = R^2 - \frac{J * (1 - R^2)}{K - J - 1} \qquad (13)$$

K = Zahl der Beobachtungswerte
J = Anzahl der Regressoren
K-J-1 = Anzahl der Freiheitsgrade

Dadurch wird das Bestimmtheitsmaß korrigiert und aussagekräftiger.

Beide Werte liegen zwischen null und eins (bzw. 100 %), wobei 100 % bedeutet, dass das Modell die Daten perfekt approximiert. Das Bestimmtheitsmaß gibt an, wieviel Prozent der Streuung der Zielgröße durch die Streuung der Parameter erklärt werden kann. In der Praxis werden häufig Bestimmtheitsmaße von über 80 % als ausreichend bzw. gut angenommen. Es

---

[155] vgl. **Bortz, J.; Döring, N.** (Forschungsmethoden und Evaluation), 2006, S. 110

[156] vgl. **Stein, M.** (Empirische Wirtschaftsforschung), 2016, S. 1ff

sei noch angemerkt, dass Minitab die p-Werte lediglich bis zur dritten Nachkommastelle ausgibt. Alle Werte kleiner als 0,001 werden von Minitab als 0,000 angegeben und in der Tabelle vereinfacht als 0 dargestellt[157].

Die Ergebnisse der Versuche in Tabelle 9 lassen bereits einige weitere allgemeine Aussagen zu. Das korrigierte Bestimmtheitsmaß ($R^2_{(adj)}$) für die Druckzeit (99,81 %) und den Energieverbrauch (91,14 %) sind bereits sehr gut. Für die anderen Zielgrößen variieren diese von 13,16 bis 94,09 %. Für die Oberflächenrauheit beispielsweise erreicht das korrigierte Bestimmtheitsmaß die Werte 95,01, 80,40 und 13,36 % für die drei verschiedenen Messstellen (R_1, R_2 und R_3). Vermutlich resultiert der besonders schlechte Wert für R_3 aus der Tatsache, dass die Fläche eine Bogenform annimmt und die Oberflächenrauheit daher entlang dieser Fläche sehr stark variiert. Weiterhin ist zum Beispiel zu erkennen, dass alle sieben Faktoren signifikante sowie sehr signifikante Einflüsse auf die betrachteten Zielgrößen haben und keiner dieser Faktoren aus der Betrachtung ausgeschlossen werden sollte. Von den 28 quadratischen Einflüssen bzw. Wechselwirkungen zweiter Ordnung wurden jedoch, wie bereits erwähnt, 15 ausgeschlossen, da diese keinen signifikanten Einfluss auf eine Zielgröße haben. Alle weiteren Einflüsse werden jedoch weiter betrachtet, auch wenn diese teilweise nur für eine Zielgröße signifikant sind.

4.3.2 Ableitung der empirischen Modelle (Black Box)

Auf Basis der Ergebnisse der Versuche aus Kapitel 4.3.1 lassen sich empirische Modelle (Black Box) ableiten, die die Zusammenhänge zwischen Stell- und Zielgrößen abbilden. Die Modellbildung erfolgt nach der Methode der kleinsten Fehlerquadrate. Aufgrund der nachgewiesenen Krümmung und dadurch Erweiterung des faktoriellen Versuchsplans zu einem Wirkungsflächen-Versuchsplan werden die Daten an eine quadratische Regressionsfunktion mit der folgenden Form angepasst:

$$f(x) = \alpha_0 + \sum_{i=1}^{n} \alpha_i X_i + \sum_{j=1}^{n} \alpha_j X_j^2 + \sum_{k,l=1,k<l}^{n} \alpha_{kl} X_k X_l \qquad (14)$$

Im Folgenden werden diese Modelle als mathematische Funktionen für jede Zielgröße dargestellt. Dabei werden jeweils die Faktoren berücksichtigt, welche im vorangegangenen Experiment einen signifikanten bzw. sehr signifikanten Einfluss aufwiesen (p-Wert ≤ 0,05).

Jede Funktion ist eine Linearkombination der für die jeweilige Zielgröße relevanten Faktoren, quadratischen Effekten und Wechselwirkungen zweiter Ordnung jeweils multipliziert mit Konstanten, deren Werte unter der Funktion gelistet sind (A_i, mit A ∈ {a - h} und i ∈ {0-17}).

---

[157] vgl. **Cleff, T.** (Deskriptive Statistik), 2008, S. 160f

Zusätzlich zu den Konstanten, die die Black Box Modelle definieren, sind die standardisierten Koeffizienten gelistet ($A_{s,i}$, mit $A_s \in \{a_s - h_s\}$ und $i \in \{0\text{-}17\}$). Diese werden berechnet, indem zunächst die empirischen Daten aus den Experimenten derart transformiert werden, dass für jeden Faktor der Mittelwert der Daten gleich null und die Standardabweichung gleich eins ist. Dies geschieht durch Anwendung der Gleichung[158]:

$$Z := \frac{X - \mu}{\sigma}$$

$$\begin{aligned} &\mu = Mittelwert\ des\ Datensatzes \\ &\sigma = Standardabweichung\ des\ Datensatzes \\ &X = Datenpunkt \\ &Z = Standardisierter\ Datenpunkt \end{aligned} \tag{15}$$

Daraus ergeben sich die standardisierten Koeffizienten, die eine Vergleichbarkeit der einzelnen Faktoren bezüglich der Größe ihres Einflusses ermöglichen.

4.3.2.1 Zielgröße Druckzeit

Die *Druckzeit* ist definiert als reine Fertigungszeit, nachdem Düse und Druckbett bereits auf Betriebstemperatur gebracht wurden.

$$\begin{aligned} f_{t_{pr}}(.) = a_0 + a_1 d_L + a_2 D_f + a_3 v_{Pr} + a_4 v_{Pr,B} + a_5 v_{Pr,I} + a_6 {d_L}^2 + a_7 {D_f}^2 \\ + a_8 d_L D_f + a_9 d_L v_{Pr} + a_{10} d_L v_{Pr,I} + a_{11} D_f v_{Pr,I} + a_{12} v_{Pr} v_{Pr,I} \end{aligned} \tag{16}$$

a_0 =	2.823,80	a_7 =	0,17	$a_{s,0}$ =	618,02	$a_{s,7}$ =	17,38
a_1 =	18.854,00	a_8 =	-18,96	$a_{s,1}$ =	-571,59	$a_{s,8}$ =	-18,02
a_2 =	1,93	a_9 =	5,04	$a_{s,2}$ =	29,58	$a_{s,9}$ =	9,58
a_3 =	-3,06	a_{10} =	14,57	$a_{s,3}$ =	-13,20	$a_{s,10}$ =	20,77
a_4 =	-1,74	a_{11} =	-0,07	$a_{s,4}$ =	-17.36	$a_{s,11}$ =	-9,95
a_5 =	-5,38	a_{12} =	0,04	$a_{s,5}$ =	-34,39	$a_{s,12}$ =	10,77
a_6 =	39.543,00			$a_{s,6}$ =	356,88		

Die betragsmäßig größten Konstanten sind in diesem Fall $a_{s,0}$, $a_{s,1}$ und $a_{s,6}$. Folglich lässt sich ableiten, dass die einflussreichsten Faktoren der Haupteffekt sowie der quadratische Effekt der Schichtdicke d_L sind. Dass die Schichtdicke einen großen Einfluss auf die Druckzeit hat, lässt sich leicht nachvollziehen, da bei kleineren Schichtdicken für die Erzeugung des gleichen Volumens längere Wege zurückgelegt werden müssen.

158 vgl. **Schira, J.** (Statistische Methoden), 2005, S. 285

4.3.2.2 Zielgröße Maßhaltigkeit Breite

Obwohl es sich um die Zielgröße *Maßhaltigkeit* handelt, die die Abweichung zwischen Soll- und Ist-Maß beschreibt, drückt die entsprechende Gleichung zunächst nur das erwartete Maß für die Breite aus. Die Maßhaltigkeit ergibt sich im Anschluss durch die Abweichung von diesem Soll-Maß. Gleiches gilt für die Zielgrößen *Maßhaltigkeit Höhe* und *Durchmesser*

$$f_b(.) = b_0 + b_1 d_L + b_2 T_N + b_3 T_P + b_4 D_f + b_5 v_{Pr} + b_6 v_{Pr,B} + b_7 v_{Pr,I} + b_8 {d_L}^2 + b_9 {v_{pr}}^2 + b_{10} d_L T_P + b_{11} T_N v_{Pr,I} + b_{12} T_P v_{Pr} + b_{13} D_f v_{Pr,B} + b_{14} D_f v_{Pr,I} \qquad (17)$$

b_0 =	23,59	b_8 =	-7,49	$b_{s,0}$ =	22,72	$b_{s,8}$ =	-0,06
b_1 =	1,55	b_9 =	0,00	$b_{s,1}$ =	0,02	$b_{s,9}$ =	0,07
b_2 =	-0,00	b_{10} =	0,01	$b_{s,2}$ =	0,05	$b_{s,10}$ =	0,01
b_3 =	-0,00	b_{11} =	0,00	$b_{s,3}$ =	-0,02	$b_{s,11}$ =	0,00
b_4 =	-0,26	b_{12} =	0,00	$b_{s,4}$ =	-0,01	$b_{s,12}$ =	0,01
b_5 =	-0,00	b_{13} =	-0,00	$b_{s,5}$ =	-0,00	$b_{s,13}$ =	-0,01
b_6 =	-0,00	b_{14} =	0,00	$b_{s,6}$ =	-0,03	$b_{s,14}$ =	0,01
b_7 =	-0,00			$b_{s,7}$ =	-0,01		

Für die Zielgröße *Maßhaltigkeit Breite* gibt es neben der Konstanten $b_{s,0}$ keine Werte, die besonders herausstechen. Die größten Werte sind $b_{s,9}$, $b_{s,8}$ und $b_{s,2}$ und folglich die quadratischen Effekte der Druckgeschwindigkeit v_{pr} sowie der Schichtdicke d_L und der Haupteffekt der Nadeltemperatur T_N.

4.3.2.3 Zielgröße Maßhaltigkeit Höhe

$$f_h(.) = c_0 + c_1 d_L + c_2 T_N + c_3 T_P + c_4 D_f + c_5 v_{Pr} + c_6 v_{Pr,B} + c_7 v_{Pr,I} + c_8 {D_f}^2 + c_9 {v_{pr,B}}^2 + c_{10} d_L T_N + c_{11} d_L T_P + c_{12} d_L D_f + c_{13} d_L v_{pr,I} + c_{14} T_N T_P + c_{15} T_N D_f + c_{16} T_P v_{pr,B} + c_{17} v_{pr} v_{pr,I} \qquad (18)$$

c_0 =	2,691	c_9 =	0,00	$c_{s,0}$ =	2,75	$c_{s,9}$ =	0,06
c_1 =	-2,637	c_{10} =	0,01	$c_{s,1}$ =	0,31	$c_{s,10}$ =	0,03
c_2 =	-0,00	c_{11} =	-0,01	$c_{s,2}$ =	-0,02	$c_{s,11}$ =	-0,01
c_3 =	0,02	c_{12} =	0,02	$c_{s,3}$ =	0,03	$c_{s,12}$ =	0,01
c_4 =	-0,65	c_{13} =	0,00	$c_{s,4}$ =	0,01	$c_{s,13}$ =	0,01
c_5 =	0,00	c_{14} =	-0,00	$c_{s,5}$ =	0,00	$c_{s,14}$ =	-0,01
c_6 =	-0,03	c_{15} =	0,00	$c_{s,6}$ =	0,00	$c_{s,15}$ =	0,01
c_7 =	0,00	c_{16} =	-0,00	$c_{s,7}$ =	0,01	$c_{s,16}$ =	-,001
c_8 =	-0,00	c_{17} =	-0,00	$c_{s,8}$ =	-0,03	$c_{s,17}$ =	-0,01

Bei der Zielgröße *Maßhaltigkeit Höhe* hingegen lässt sich auf Basis der standardisierten Konstanten kein Faktor erkennen, der einen besonders hohen Einfluss hat.

4.3.2.4 Zielgröße Maßhaltigkeit Durchmesser

$$f_d(.) = d_0 + d_1 d_L + d_2 T_N + d_3 T_P + d_4 D_f + d_5 v_{Pr} + d_6 T_N T_P + d_7 T_N v_{Pr} + d_8 T_P v_{pr} \quad (19)$$

d_0 =	11,65	d_5 =	0,00	$d_{s,0}$ =	9,94	$d_{s,5}$ =	-0,00
d_1 =	-0,11	d_6 =	-0,00	$d_{s,1}$ =	-0,01	$d_{s,6}$ =	0,01
d_2 =	-0,01	d_7 =	-0,00	$d_{s,2}$ =	-0,00	$d_{s,7}$ =	0,01
d_3 =	-0,02	d_8 =	-0,00	$d_{s,3}$ =	-0,02	$d_{s,8}$ =	-0,01
d_4 =	0,00			$d_{s,4}$ =	0,02		

Bei der Zielgröße *Maßhaltigkeit Durchmesser* lässt sich erkennen, dass kein Parameter besonders heraussticht.

4.3.2.5 Zielgröße Oberflächenrauheit 1

$$f_{R_1}(.) = e_0 + e_1 d_L + e_2 T_N + e_3 T_P + e_4 D_f + e_5 v_{Pr} + e_6 v_{Pr,B} + e_7 v_{Pr,I} + e_8 d_L T_N + e_9 T_N v_{pr,B} + e_{10} D_f v_{pr,I} \quad (20)$$

e_0 =	-47,87	e_6 =	0,41	$e_{s,0}$ =	15,26	$e_{s,6}$ =	-0,18
e_1 =	220,60	e_7 =	0,05	$e_{s,1}$ =	5,16	$e_{s,7}$ =	-0,25
e_2 =	0,22	e_8 =	-0,69	$e_{s,2}$ =	1,27	$e_{s,8}$ =	-1,31
e_3 =	-0,03	e_9 =	-0,00	$e_{s,3}$ =	-0,30	$e_{s,9}$ =	-0,35
e_4 =	0,12	e_{10} =	-0,00	$e_{s,4}$ =	-0,27	$e_{s,10}$ =	-0,50
e_5 =	0,03			$e_{s,5}$ =	0,66		

Für die Zielgröße *Oberflächenrauheit 1* gibt es einen deutlichen Einfluss der Schichtdicke d_L, der Nadeltemperatur T_N sowie auch deren Wechselwirkung, ausgedrückt durch die standarisierten Koeffizienten $e_{s,1}$, $e_{s,2}$ und $e_{s,8}$.

4.3.2.6 Zielgröße Oberflächenrauheit 2

$$f_{R_2}(.) = f_0 + f_1 d_L + f_2 T_N + f_3 T_P + f_4 D_f + f_5 v_{Pr} + f_6 v_{Pr,B} + f_7 v_{Pr,I} + f_8 {d_L}^2 + f_9 {T_N}^2 + f_{10} {v_{pr,I}}^2 + f_{11} d_L T_N + f_{12} d_L v_{pr} + f_{13} d_L v_{pr,I} + f_{14} T_P v_{pr,B} + f_{15} D_f v_{pr} + f_{16} D_f v_{pr,I} \quad (21)$$

f_0 =	1399,00	f_9 =	0,03	$f_{s,0}$ =	20,77	$f_{s,9}$ =	10,01
f_1 =	17,00	f_{10} =	-0,04	$f_{s,1}$ =	15,00	$f_{s,10}$ =	-9,95
f_2 =	-11,89	f_{11} =	-1,12	$f_{s,2}$ =	-1,06	$f_{s,11}$ =	-2,13
f_3 =	-0,63	f_{12} =	-1,53	$f_{s,3}$ =	-1,10	$f_{s,12}$ =	-2,91
f_4 =	-0,22	f_{13} =	2,10	$f_{s,4}$ =	2,10	$f_{s,13}$ =	2,99
f_5 =	-0,28	f_{14} =	0,02	$f_{s,5}$ =	-3,98	$f_{s,14}$ =	1,73
f_6 =	-1,34	f_{15} =	0,02	$f_{s,6}$ =	0,42	$f_{s,15}$ =	3,22
f_7 =	4,29	f_{16} =	-0,02	$f_{s,7}$ =	5,91	$f_{s,16}$ =	-1,78
f_8 =	1313,00			$f_{s,8}$ =	11,85		

Bei der Zielgröße *Oberflächenrauheit 2* gibt es einen starken Einfluss der Schichtdicke d_L, der quadratischen Schichtdicke d_L^2 sowie der quadratischen Düsentemperatur T_N^2.

4.3.2.7 Zielgröße Oberflächenrauheit 3

$$f_{R_3}(.) = g_0 + g_1 d_L + g_2 T_N + g_3 T_P + g_4 v_{Pr,I} + g_5 T_N T_P \quad (22)$$

g_0 =	-229,00	$g_{s,0}$ =	26,65
g_1 =	21,70	$g_{s,1}$ =	2,06
g_2 =	1,10	$g_{s,2}$ =	1,61
g_3 =	3,00	$g_{s,3}$ =	-0,58
g_4 =	-0,17	$g_{s,4}$ =	-2,49
g_5 =	-0,01	$g_{s,5}$ =	-2,55

Für die *Oberflächenrauheit 3* haben die Faktoren Schichtdicke d_L, Druckgeschwindigkeit für die Füllung $v_{pr,I}$ und die Wechselwirkung der Temperaturen von Nadel T_N und Plattform T_P den größten Einfluss auf Basis der standardisierten Koeffizienten. Interessant ist, dass aus physikalischer Sicht nur schwer zu argumentieren ist, warum ausgerechnet die Druckgeschwindigkeit der Füllung einen größeren Einfluss als die Druckgeschwindigkeit für die Außenfläche hat.

4.3.2.8 Zielgröße Energieverbrauch

$$f_{E_{el}}(.) = h_0 + h_1 d_L + h_2 T_N + h_3 T_P + h_4 T_P T_N \tag{23}$$

h_0 =	1,66	$h_{s,0}$ =	0,77
h_1 =	-0,13	$h_{s,1}$ =	-0,01
h_2 =	0,00	$h_{s,2}$ =	0,01
h_3 =	-0,03	$h_{s,3}$ =	0,07
h_4 =	0,00	$h_{s,4}$ =	0,02

Der *Energieverbrauch* hängt verstärkt von der Schichtdicke ab. Auffällig an der Gleichung ist weiterhin, dass die Temperatur der Plattform negativ eingeht. Das würde bedeuten, dass bei steigender Temperatur der Plattform der Energieverbrauch sinkt, was aus physikalischer Sicht ebenfalls wenig sinnvoll erscheint.

4.3.3 Zwischenfazit

Die Erkenntnisse aus dem vorangegangenen Kapitel führen zu dem erneuten Hinweis, dass es sich bei den vorgestellten Modellen um Wirkzusammenhänge handelt, die auf experimentellen Daten beruhen. Insbesondere eine Anwendung der Funktionen außerhalb des Bereichs, in dem die Experimente durchgeführt wurden (Extrapolation), ist im Rahmen der statistischen Versuchsplanung grundsätzlich unzulässig[159]. Im vorliegenden Fall werden die Grenzen des Anwendungsbereichs durch die in Tabelle 6 definierten Faktorstufen indiziert.

Grundsätzlich kann folgendes festgestellt werden: Einige Zusammenhänge, die durch die empirischen Modelle beschrieben werden, lassen sich auch durch latente physikalische Zusammenhänge nachvollziehen; andere jedoch nicht. Ein Rückschluss von den berechneten Regressionskoeffizienten auf kausale Zusammenhänge ist daher nicht in jedem Fall möglich. Daher erfolgt im folgenden Kapitel die Entwicklung von analytischen Modellen (White Box), die ausschließlich auf physikalischen und somit kausalen Zusammenhängen zwischen Zielgrößen und Parametern beruhen.

Eine weitergehende Auswertung der empirischen Modelle, insbesondere im Vergleich mit den im Folgenden entwickelten analytischen Modellen, erfolgt im anschließenden Kapitel 4.5.

4.4 Analytisch-physikalische Modellbildung (White Box)

Im folgenden Kapitel werden für die bereits definierten Zielgrößen analytische Modelle hergeleitet (White Box). Dazu werden bekannte Ansätze aus der Literatur mit eigenen Überlegungen kombiniert. Für manche Zielgrößen werden jeweils zwei verschiedene Ansätze verwendet, die

---

[159] vgl. **Siebertz, K.; van Bebber, D.; Hochkirchen, T.** (Design of Experiments (DOE)), 2010, S. 6

ebenfalls im Anschluss evaluiert werden. Die Herleitung der analytischen Modelle folgt dem in Kapitel 2.2.2 vorgestellten Ansatz nach SCHRÖDER.[160]

4.4.1.1 Zielgröße Druckzeit

Im Falle der Druckzeit kann intuitiv vermutet werden, dass diese Zielgröße von Parametern, wie der Schichtdicke, der Druckgeschwindigkeit oder der Füllung des Modells abhängig ist. Dies geht ebenfalls aus den Daten der empirischen Modellierung hervor. Dabei hängt die Druckzeit essentiell von dem zu druckenden Modell, hinsichtlich Volumen und Geometrie, ab. Daher wird weiterhin der vorgestellte Anwendungsfall aus Kapitel 4.2.3 betrachtet (Volumen und Geometrie sind konstant). Zur Bestimmung der Druckzeit wird der Druckprozess in seine einzelnen Prozessschritte zerlegt: Zu Beginn eines Drucks werden die Plattform sowie die Düse auf die eingestellten Temperaturen erhitzt. Anschließend beginnt der eigentliche Druck. Dabei muss unterschieden werden zwischen dem Druck der untersten Schicht, dem Druck einer Füllung und dem Druck der Konturen, da für diese drei Bereiche verschiedene Druckgeschwindigkeiten eingestellt werden können ($v_{pr}, v_{pr,B}$ und $v_{pr,I}$). Da beim Druck mehrerer Bauteile hintereinander das erneute Aufheizen von Plattform und Düse entfällt bzw. bedeutend schneller erfolgt, wird dieser Prozessschritt aus der Betrachtung der Druckzeit ausgeschlossen.

Zur Bestimmung der Druckzeit wird zunächst der Pfad betrachtet, den der Druckerkopf während des Druckprozesses abfährt. Dieser wird von der Druckersoftware (in diesem Fall wurde die Software „Cura“ verwendet) auf Basis des erstellten dreidimensionalen Modells definiert. Nachdem das Modell spezifiziert und alle Parameter durch den Nutzer eingestellt wurden, wird ein Maschinencode („g-code“) erzeugt, in dem alle notwendigen Informationen für den Druckprozess enthalten sind. Unter anderem sind dort alle Koordinaten enthalten, die der Druckerkopf Punkt für Punkt abfährt sowie für jeden Teil-Pfad die jeweilige Geschwindigkeit. Da der Druckprozess Schicht für Schicht durchgeführt wird, sind die Koordinaten immer zweidimensional, erweitert durch eine Information, um welche Schicht es sich handelt. Die Distanz zwischen zwei zweidimensionalen Punkten lässt sich durch einfache Geometrie nach Pythagoras berechnen.

[160] vgl. **Isermann, R.; Münchhof, M.** (Identification of Dynamic Systems), 2011, S. 4

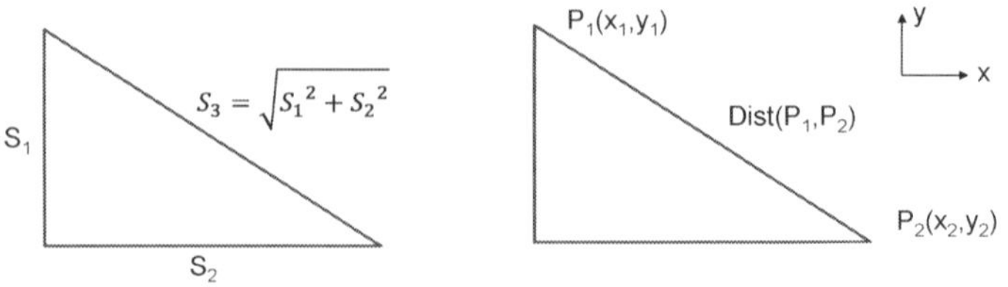

Abbildung 4-6: Berechnung des Abstandes zwischen zwei Punkten in der Ebene

$$dist(P_1, P_2) = \sqrt{S_1{}^2 + S_2{}^2} = \sqrt{(y_2 - y_1)^2 + (x_2 - x_1)^2} \tag{24}$$

Somit ergeben sich drei verschiedene Strecken: Eine Strecke sind alle Abstände zwischen allen einzelnen Punkten, die mit der normalen Druckgeschwindigkeit angefahren werden *(25)*, die zweite Strecke sind alle Abstände zwischen allen Punkten, die für die unterste Schicht angefahren werden *(26)* und die dritte Strecke sind alle Abstände zwischen allen Punkten, die für die Füllung angefahren werden *(27)*:

$$s_{Gesamt} = \sum_{k_1=1}^{n_{Gesamt}-1} \sqrt{(y_{k_1+1} - y_{k_1})^2 + (x_{k_1+1} - x_{k_1})^2} \tag{25}$$

$$s_{Gesamt,B} = \sum_{k_2=1}^{n_{Gesamt,B}-1} \sqrt{(y_{k_2+1} - y_{k_2})^2 + (x_{k_2+1} - x_{k_2})^2} \tag{26}$$

$$s_{Gesamt,I} = \sum_{k_3=1}^{n_{Gesamt,I}-1} \sqrt{(y_{k_3+1} - y_{k})^2 + (x_{k_3+1} - x_{k_3})^2} \tag{27}$$

Weiterhin ist dem g-code die Gesamtzahl Schichten n_{Layer} zu entnehmen. Nach Abschluss des Drucks einer jeden Schicht wird die Plattform um die Schichtdicke abgesenkt, um mit dem Druck der anschließenden Schicht fortzufahren. Auch wenn dieser Wert je nach Schichtdicke etwas variiert, so kann die Pause, die dadurch zwischen dem Druck von zwei Schichten vollzogen wird, als konstanter Wert $t_{Pause} = 0{,}35\ s$ (Durchschnittswert von 30 Messungen von Hand) angenommen werden. Die Zeit des gesamten Druckprozesses ergibt sich folglich durch die Gleichung:

$$t_{pr} = \frac{s_{Gesamt}}{v_{pr}} + \frac{s_{Gesamt,B}}{v_{pr,B}} + \frac{s_{Gesamt,I}}{v_{pr,I}} + n_{Layer} * t_{Pause}$$
$$= \frac{\sum_{k_1=1}^{N_{Gesamt}-1} \sqrt{\left(y_{k_1+1} - y_{k_1}\right)^2 + \left(x_{k_1+1} - x_{k_1}\right)^2}}{v_{pr}}$$
$$+ \frac{\sum_{k_2=1}^{N_{Gesamt,B}-1} \sqrt{\left(y_{k_2+1} - y_{k_2}\right)^2 + \left(x_{k_2+1} - x_{k_2}\right)^2}}{v_{pr,B}} \quad (28)$$
$$+ \frac{\sum_{k_3=1}^{N_{Gesamt,I}-1} \sqrt{\left(y_{k_3+1} - y_{k}\right)^2 + \left(x_{k_3+1} - x_{k_3}\right)^2}}{v_{pr,I}}$$
$$+ n_{Layer} * t_{Pause}$$

4.4.1.2 Zielgröße Maßhaltigkeit (Breite, Höhe und Durchmesser)

Bei der Ableitung der empirischen Modelle (Black Box) für die Zielgrößen *Breite*, *Höhe* und *Durchmesser* wurden, da es sich um drei verschiedene Zielgrößen handelt, drei verschiedene Modelle erstellt. Der analytisch-physikalische Ansatz (White Box) sieht hingegen die gleiche Herangehensweise für alle drei Zielgrößen vor, da es sich in allen drei Fällen um die Zielgröße *Maßhaltigkeit* handelt, lediglich in unterschiedlichen Dimensionen. Es kommt hinzu, dass sich in der Literatur verschiedene Ansätze finden lassen, die für den betrachteten Fall in Frage kommen. Somit werden für die Zielgröße *Maßhaltigkeit* zwei verschiedene Ansätze vorgestellt und zwei Modelle abgeleitet, die jedoch bei allen betrachteten Ausprägungen der Zielgröße (*Breite*, *Höhe* und *Durchmesser*) Anwendung finden.

Modell basierend auf der thermoplastischen Schwindung

Wie auch bei anderen Kunststoff verarbeitenden Prozessen, tritt auch beim FDM-Verfahren das Problem der Schwindung und Schrumpfung auf. Das Material wird bei einer bestimmten Temperatur aufgetragen und schrumpft beim Abkühlvorgang um einen bestimmten Faktor bedingt durch die Kristallisation des Materials. Meist wird daher bei der Auslegung eines Bauteils dieser Faktor hinzumultipliziert, so dass das Endprodukt nach der Abkühlung die gewünschte Geometrie besitzt. Die Schwindung beschreibt die Abnahme des Volumens beim Übergang vom flüssigen in den festen Zustand und das Schrumpfen die weitere Abnahme des Volumens im festen Zustand beim Abkühlen (Abbildung 4-7).[161]

[161] vgl. **Kaiser, W.** (Kunststoffchemie für Ingenieure), 2016, S. 80; **Bargel, H.-J.; Schulze, G.** (Werkstoffkunde), 2012, S. 88

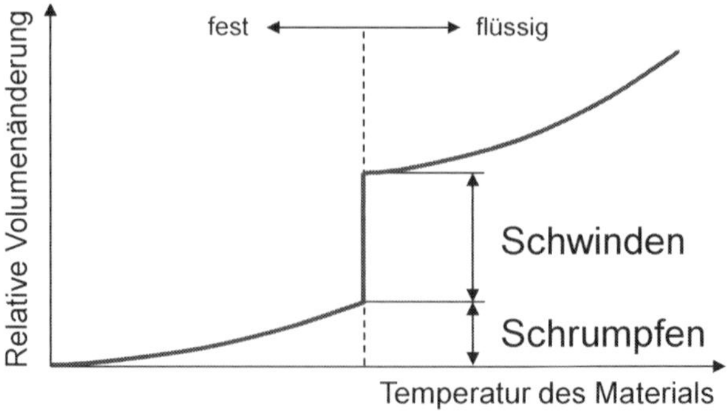

Abbildung 4-7: Schwinden und Schrumpfen[162]

Diese Schwindung und Schrumpfung führen dazu, dass die Maße des abgekühlten Bauteils nicht denen entsprechen, die im CAD-Modell definiert wurden. Für den betrachteten Anwendungsfall hängt dieser Schrumpffaktor hauptsächlich vom verwendeten Material ab. Aus dem Datenblatt des verwendeten Polymers (Ingeo Biopolymer 4043D) sowie aus einer Anfrage beim Hersteller, konnte der Faktor empirisch ermittelt werden, um den ein Bauteil im Durchschnitt in allen drei Dimensionen schrumpft.

$$\alpha_{Schrumpf} = \frac{\Delta L}{L_{Soll}} = \frac{L_{Soll} - L_{Ist}}{L_{Soll}} = 0{,}35\ \% \qquad (29)$$

Die Maßhaltigkeit ergibt sich folglich direkt aus diesem Faktor.

Modell basierend auf der thermischen Belastung und Spannung

Der zweite Ansatz zur Berechnung der Maßhaltigkeit basiert ebenfalls auf der Annahme, dass das Material sich beim Abkühlen deformiert. Allerdings wird angenommen, dass das Bauteil nicht nur in allen drei Dimensionen schrumpft, sondern dass der sogenannte Warping-Effekt auftritt. Warping entsteht durch das ungleichmäßige Abkühlen und somit Schwinden und Schrumpfen von verschiedenen Schichten des Bauteils[163]. Dadurch kommt es zu thermischen Spannungen innerhalb des Bauteils, was die Geometrie beeinflussen kann.

WANG ET AL. stellen eine Methode zur Berechnung des Einflusses dieses Effektes auf FDM-gedruckte Teile vor, welche an dieser Stelle zusammengefasst dargestellt und an den Anwendungsfall angepasst wird. Zu Beginn stellen sie einige Hypothesen und Vereinfachungen vor:

---

[162] vgl. **ebenda** (Werkstoffkunde), 2012, S. 88

[163] vgl. **European Powder Metallurgy Association** (EPMA) (Introduction to additive manufacturing technology), 2015, S. 34

Die höchste Temperatur besitzt das Material bei der Extrusion aus der Nadel, da diese auf eine bestimmte Temperatur T_N erhitzt ist. Wird das Material auf der Plattform abgelegt, so entstehen Temperaturgradienten, die zu Spannungen im Inneren führen, da die Plattform in der Regel auf eine deutlich niedrigere Temperatur T_P erhitzt wird. Ist die Temperatur der Plattform jedoch hoch genug, so kann verhindert werden, dass diese Spannungen zu Deformationen des Bauteils führen. So besteht die erste Annahme von WANG ET AL. darin, dass der zweite Temperaturgradient, bedingt durch die Glasübergangstemperatur T_U zu größeren Spannungen und auch eher zu Deformationen des Bauteils führt.[164]

Der Abkühlvorgang vollzieht sich sehr schnell. So dauert es beispielsweise 0,55 Sekunden, bis das Material von einer Nadeltemperatur von 270°C auf eine Plattformtemperatur von 94°C abkühlt (Material: ABS P400; Düsendurchmesser: 0.254mm). Weitere 1,2 Sekunden dauert die Abkühlung von dieser Plattformtemperatur auf die Umgebungstemperatur von 70°C (der von WANG ET AL. verwendete Drucker besitzt eine beheizbare Kammer). Da für die meisten Anwendungen das Ablegen einer Schicht länger dauert, als die in Summe 1,75 Sekunden, wird die Temperatur der obersten Schicht, auf die das erneut heiße Material abgelegt wird, als mit der Umgebungstemperatur gleich angenommen.[165]

Zur Vereinfachung der Berechnungen wird weiterhin angenommen, dass jede Schicht eine flache Scheibe ist und das Ablegen einer Schicht unmittelbar geschieht. Innerhalb einer Schicht wird angenommen, dass es keine Lufteinschlüsse gibt und das Material entlang eines zick-zack-Pfades abgelegt wurde. Spannungen im inneren des Bauteils entstehen innerhalb einer Schicht (intra-layer) sowie zwischen verschiedenen Schichten (inter-layer). Die Deformation entsteht dabei hauptsächlich durch die thermalen Spannungen zwischen den verschiedenen Schichten.[166]

Die Berechnung zur Deformation des Bauteils beruhen auf folgender Überlegung: Wird eine weitere Schicht auf einen bereits bestehenden Teil der Geometrie abgelegt, so hat diese die gleiche Länge (siehe Abbildung 4-8 a) oben links). Durch Abkühlungsprozesse innerhalb der abgelegten Schicht würde eine Kontraktion stattfinden wodurch sich die Maße der Schicht um die Länge ΔL ändern, falls dies nicht verhindert wird (siehe Abbildung 4-8 b) unten links). Unter Annahme dieser Längenänderung wäre die abgelegte Schicht dann spannungsfrei ($\sigma_{thermal} = 0$; $\epsilon = \alpha_{Schrumpf} * \Delta T$) (siehe Abbildung 4-8 c) oben rechts). Durch Adhäsionskräfte zwischen

---

[164] vgl. **Wang, T.-M.; Xi, J.-T.; Jin, Y.** (Prototype warp deformation in the FDM process), 2007, S. 1088; **Wu, S.** (Polymer interface and adhesion), 1982, S. 169ff

[165] vgl. **Wang, T.-M.; Xi, J.-T.; Jin, Y.** (Prototype warp deformation in the FDM process), 2007, S. 1088; **Rodriguez, J.; Thomas, J.; Renaud, J.** (Mesostructure of FDM), 2000, S. 181

[166] vgl. **Wang, T.-M.; Xi, J.-T.; Jin, Y.** (Prototype warp deformation in the FDM process), 2007, S. 1088ff

der abgelegten Schicht auf dem bereits bestehenden Teil der Geometrie wird diese Längenänderung jedoch verhindert. Die entstehenden Spannungen entsprechen denen, die aufträten, würde die um die Länge ΔL verkürzte Schicht auf die Ausgangslänge gedehnt (siehe Abbildung 4-8 c) oben rechts (in rot)) und können mithilfe des E-Moduls des verwendeten Polymers beschrieben werden durch die Gleichung[167]

$$\sigma_{thermal} = -E * \epsilon_{thermal} = -E * \alpha_{Schrumpf} * \Delta T \quad (30)$$

Durch diese Spannungen verformt sich das Bauteil, indem die Enden von der Plattform angehoben werden (warping) (siehe Abbildung 4-8 d) unten rechts).

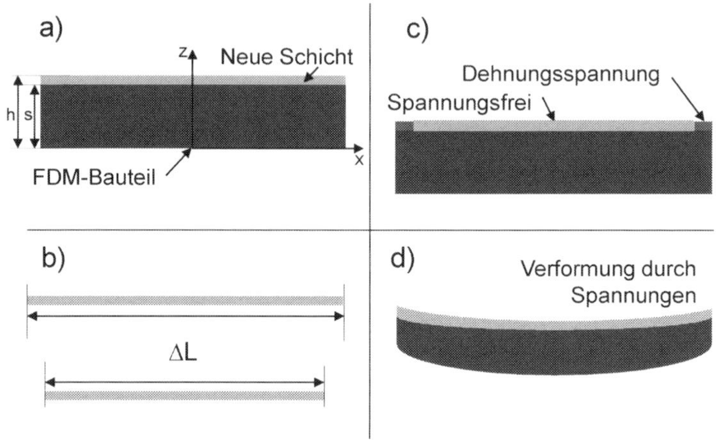

Abbildung 4-8: Deformationsprozess eines FDM-gedruckten Bauteils durch thermale Spannungen im Inneren [168]

Die neue Schicht beeinflusst die Spannungen innerhalb des gesamten Bauteils durch die Kontraktion. Zur Erfüllung des Kräftegleichgewichts wird daher eine konstante Spannung σ^* hinzuaddiert. Weiterhin besteht eine Biegespannung, welche beschrieben wird durch[169]:

---

[167] vgl. **ebenda** (Prototype warp deformation in the FDM process), 2007, S. 1089; **Wagner, H.** (Nanotube–polymer adhesion), 2002, S. 57ff

[168] vgl. **Wang, T.-M.; Xi, J.-T.; Jin, Y.** (Prototype warp deformation in the FDM process), 2007, S. 1089

[169] vgl. **Rees, D.** (Basic engineering plasticity), 2006, S. 1ff; **Wang, T.-M.; Xi, J.-T.; Jin, Y.** (Prototype warp deformation in the FDM process), 2007, S. 1090

$$\sigma_{Bend} = \frac{E * (z - d)}{R} \tag{31}$$

Dabei ist *z* die aktuelle Höhe des Bauteils, *d* die Position der neutralen Achse und *R* der Radius der Biegung. Die Gesamtspannung und -dehnung lassen sich darstellen als[170]:

$$\sigma_{thermal} = -E * \alpha_{Schrumpf} * \Delta T + \sigma^* + \frac{E * (z - d)}{R} \tag{32}$$

und: $\epsilon_{thermal} = \frac{\sigma_{thermal}}{E} = \frac{z-d}{R}$ (33)

Der Temperaturgradient ist, wie bereits erwähnt, nicht überall innerhalb des Bauteils gleich. Innerhalb der obersten Schicht entspricht er vereinfacht der Differenz zwischen der Nadeltemperatur und der Umgebungstemperatur. Im restlichen Bauteil wird angenommen, dass der Temperaturgradient Null ist:

$$\Delta T = \begin{cases} T_N - T_U & f\ddot{u}r\ s \leq z \leq h \\ 0 & f\ddot{u}r\ 0 \leq z \leq s \end{cases} \tag{34}$$

Damit innerhalb des Bauteils ein Kräftegleichgewicht herrscht, müssen sich alle thermalen Spannungen sowie die Biegemomente zu Null addieren[171]:

$$\sigma_{Gesamt} = \int_0^h \left(-E * \alpha_{Schrumpf} * \Delta T + \sigma^* + \frac{E * (z - d)}{R} \right) dz = 0 \tag{35}$$

$$M_{Gesamt} = \int_0^h \left(-E * \alpha_{Schrumpf} * \Delta T + \sigma^* + \frac{E * (z - d)}{R} \right) z * dz = 0 \tag{36}$$

Zur Vereinfachung werden die konstanten Terme $\boldsymbol{\sigma^*}$ und $\frac{\boldsymbol{Ed}}{\boldsymbol{R}}$ im Folgenden durch den Faktor $\boldsymbol{\sigma'}$ dargestellt:

$$\sigma' = \sigma^* + \frac{Ed}{R} \tag{37}$$

Die Gleichungen *(35)* und *(36)* werden vereinfacht zu:

---

[170] vgl. **ebenda** (Prototype warp deformation in the FDM process), 2007, S. 1090; **Wagner, H.** (Nanotube–polymer adhesion), 2002, S. 57ff

[171] vgl. **Wang, T.-M.; Xi, J.-T.; Jin, Y.** (Prototype warp deformation in the FDM process), 2007, S. 1090

$$\sigma_{Gesamt} = \int_0^h \left(-E * \alpha_{Schrumpf} * \Delta T + \sigma' + \frac{Ez}{R}\right) dz = 0 \tag{38}$$

$$M_{Gesamt} = \int_0^h \left(-E * \alpha_{Schrumpf} * \Delta T + \sigma' + \frac{Ez}{R}\right) z * dz = 0 \tag{39}$$

Die Gleichungen *(34)*, *(38)* und *(39)* werden ineinander eingesetzt und nach der Krümmung des Bauteils aufgelöst:

$$k = \frac{1}{R} = \frac{6\alpha_{Schrumpf}}{h}(T_N - T_U)\left(1 - \frac{s}{h}\right)\frac{s}{h} \tag{40}$$

Mit der Anzahl der Schichten $\boldsymbol{n_{Layer}}$ und dem Wissen, dass *s* und *h* sich um genau eine Schichtdicke unterscheiden, finden WANG ET AL.[172]:

$$\begin{aligned} k = \frac{1}{R} &= \frac{6\alpha_{Schrumpf}}{n_{Layer}\Delta h}(T_N - T_U)\left(1 - \frac{n_{Layer} - 1}{n_{Layer}}\right)\frac{n_{Layer} - 1}{n_{Layer}} \\ &= \frac{6\alpha_{Schrumpf}}{n_{Layer}\Delta h}(T_N - T_U)\frac{n_{Layer} - 1}{n_{Layer}^2} \end{aligned} \tag{41}$$

Die Deformation δ bedingt durch das Warping wird mithilfe des Radius *R* bestimmt (Abbildung 4-9).

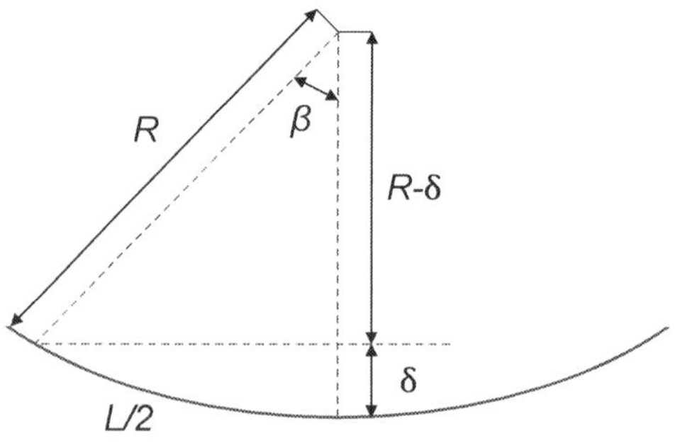

Abbildung 4-9: Zusammenhang zwischen der Verformung durch Warping und dem Radius

Die geometrischen Zusammenhänge werden beschrieben durch:

[172] vgl. **ebenda** (Prototype warp deformation in the FDM process), 2007, S. 1091

$$R\beta = \frac{L}{2} \quad und \quad \cos\beta = \frac{R-\delta}{R} \tag{42}$$

Durch einsetzen der Zusammenhänge *(42)* in die Gleichung *(41)* lautet die Gleichung für die Deformation δ:

$$\delta = R\left(1 - \cos\frac{L}{2R}\right) = \frac{{n_{Layer}}^3 \Delta h}{6\alpha(T_N - T_U)(n-1)} * \left\{1 - \cos\left[\frac{3\alpha L}{n_{Layer}\Delta h}(T_N - T_U)\frac{n-1}{{n_{Layer}}^2}\right]\right\} \tag{43}$$

Bis hierhin geht der Ansatz von WANG ET AL. Im vorliegenden Fall wird jedoch nicht das Ausmaß des Warping untersucht, sondern die daraus resultierende Längenänderung (Abbildung 4-10). Das δ muss noch eingesetzt werden:

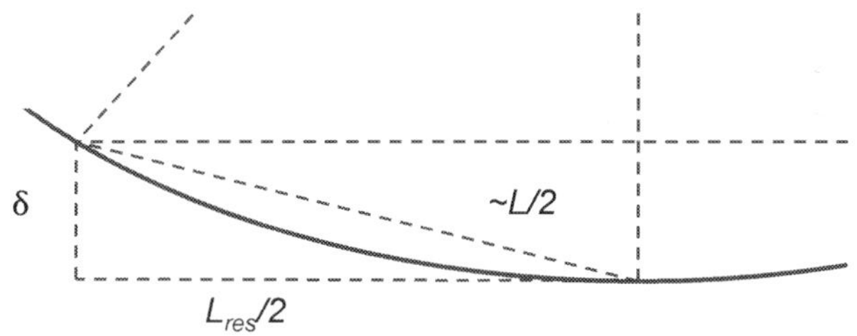

Abbildung 4-10: Zusammenhang zwischen Warping und der Längenänderung des Bauteils

$$L_{res} = 2 * \frac{L_{res}}{2} = 2 * \sqrt{\frac{L^2}{4} - \delta^2} \tag{44}$$

4.4.1.3 Zielgröße Oberflächenrauheit

Durch die Art und Weise wie die verschiedenen Schichten in einem FDM-Prozess aufgebaut werden, weisen die gefertigten Teile an der Oberfläche eine treppenförmige Struktur auf. Dies hat Auswirkungen auf die Oberflächenqualität in Form der Rauheit.[173]

[173] vgl. **Armillotta, A.** (Assessment of surface quality on textured FDM prototypes), 2006, S. 38

Bei geringerer Schichtdicke d_L sind die erzeugten Stufen feiner und die Oberflächenrauheit geringer. Auch der Fertigungswinkel θ der erzeugten Struktur hat erheblichen Einfluss auf die Oberfläche. Die grundsätzliche Treppenstruktur bleibt jedoch erhalten.[174]

Auch für diese Größe lassen sich in der Literatur verschiedene Ansätze finden, die für den betrachteten Fall in Frage kommen. Somit werden für die Zielgröße *Oberflächenrauheit* zwei verschiedene Ansätze vorgestellt und folglich zwei Modelle abgeleitet, die jedoch bei allen betrachteten Ausprägungen der Zielgröße (R_1, R_2 und R_3) Anwendung finden. Die Ansätze unterscheiden sich bereits im angenommen Profil einer FDM-gefertigten Oberfläche. Das erste Modell geht von der Annahme aus, dass die Oberfläche durch sich überlappende Ellipsen approximiert werden kann (die Treppenstufen ellipsenförmig sind), während Modell Nummer 2 von einer vereinfachten (rechtwinkligen) Treppenform ausgeht.[175]

PANDEY ET AL. finden heraus, dass zusätzlich zur untersuchten Treppenstruktur zwischen den verschiedenen Schichten Lücken entstehen können, je nachdem wie groß der Fertigungswinkel θ ist. Diese Lücken haben einen negativen Einfluss auf die Oberflächenqualität und treten demnach ab einem Winkel von $\theta \geq 70°$ auf.[176]

Aus diesem Grund wurde in einem Vorexperiment für die Oberflächenrauheit untersucht, ob diese Lücken auch bei dem vorliegenden FDM-Prozess auftreten. Dazu wurden Bauteile mit verschiedenen Fertigungswinkeln ($\theta_1 = 45°$; $\theta_2 = 80°$) hergestellt. Die erstellten Oberflächen wurden mittels eines *Hommel-Etamec Nanoscan* bezüglich ihrer Oberflächenrauheit untersucht. Die gemessenen Oberflächenprofile sind in Abbildung 4-11 dargestellt.

Die prognostizierten Lücken im Oberflächenprofil konnten bestätigt werden. Es ist möglich, dass die vereinfachend angenommenen Treppenformen (elliptisch und rechteckig) ab einem Fertigungswinkel von $\theta \geq 70°C$ das tatsächliche Profil schlechter approximieren und dadurch auch die erstellten Modelle die Oberflächenrauheit weniger gut prognostizieren können.

---

[174] vgl. **Thrimurthulu, K.; Pandey, P.; Venkata Reddy, N.** (Optimum part deposition orientation in FDM), 2004, S. 587f; **Delfs, P.; Töws, M.; Schmid, H.** (Surface Roughness optimized Alignment), S. 1334f

[175] vgl. **Ahn, D.; Kweon, J.-H.; Kwon, S.; Song, J.; Lee, S.** (Representation of surface roughness in FDM), 2009, S. 5594

[176] vgl. **Pandey, P.; Reddy, N.; Dhande, S.** (Surface roughness simulation for FDM), 2003, S. 419ff

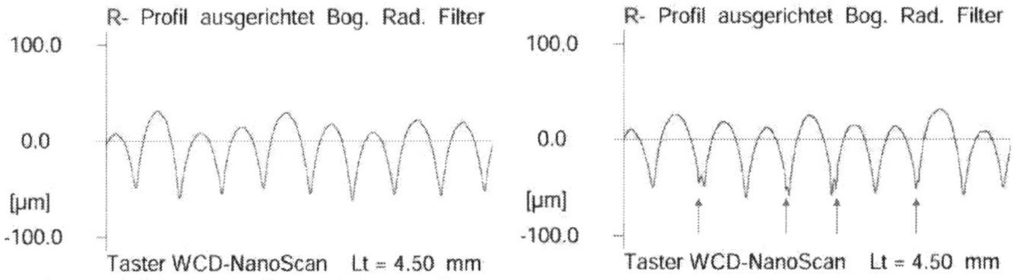

Abbildung 4-11: Oberflächenprofil von Bauteilen mit verschiedenen Fertigungswinkeln (l: $\theta_1 = 45°$; r: $\theta_2 = 80°$;)

Zur Beurteilung der Rauheit einer Oberfläche existieren verschiedene Kennwerte (arithmetische Mittenrauwert, quadratische Mittenrauwert, gemittelte Rautiefe, maximale Einzelrautiefe, Rautiefe etc.)[177]. Im Rahmen dieser Arbeit wird zur Beschreibung der Oberflächenrauheit der arithmetische Mittenrauwert R_a betrachtet. Innerhalb der Messstrecke wird zunächst ein Mittelwert berechnet. Dieser wird als mittlere Linie bezeichnet (Abbildung 4-11). Der arithmetische Mittenrauwert ist nun die mittlere Abweichung aller Absolut-Werte von dieser Linie und wird bestimmt durch die Gleichung:

$$R_a = \frac{1}{l_r}\int_0^{l_r} |f(x)|dx \qquad (45)$$

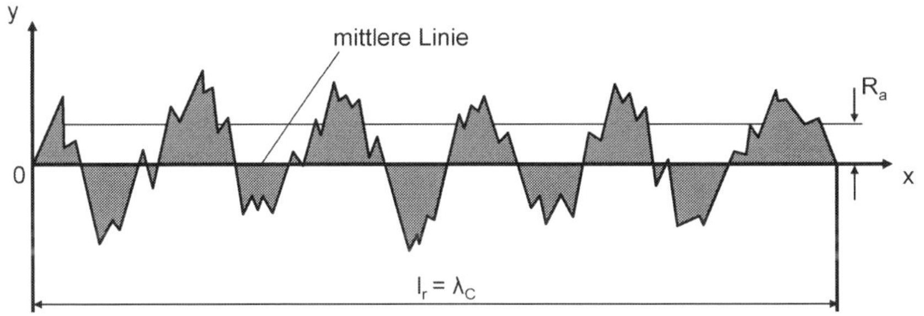

Abbildung 4-12: Grafische Darstellung des arithmetischen Mittenrauwerts[178]

Das an dieser Stelle vorgestellte Modell basiert auf den Arbeiten von AHN ET AL. und der Annahme, dass die übereinandergelegten Schichten eines FDM-Prozesses eine Ellipsenform aufweisen und sich zu einem bestimmten Grad überlappen. In Abbildung 4-13 sind zwei Beispiele von Querschnitten von mittels FDM hergestellten Bauteilen zu sehen. Die Darstellung

[177] vgl. **DIN EN ISO 4287** (Oberflächenbeschaffenheit: Tastschnittverfahren), 1998, S. 15

[178] vgl. **ebenda** (Oberflächenbeschaffenheit: Tastschnittverfahren), 1998, S. 12ff

links entstammt den Arbeiten von SUN ET AL., die diese Ellipsenform nachgewiesen haben[179]. Gleiches gilt für die Darstellung rechts, die den Arbeiten von AHN ET AL. entnommen ist.[180]

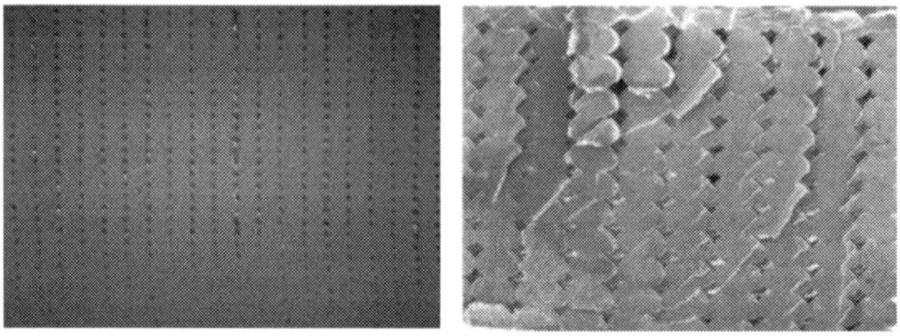

Abbildung 4-13: Querschnitte von FDM-gedruckten Teilen[181]

Nach AHN ET AL. kann die Querschnittsfläche einer Schicht *i* durch eine Ellipsengleichung dargestellt werden:

$$\frac{x^2}{{e_1}^2} + \frac{y^2}{{e_2}^2} = 1 \tag{46}$$

Die Breite und Höhe der Ellipse wird bestimmt durch:

$$\begin{aligned} w_{Layer} &= 2 * e_1 \\ h_{Layer} &= 2 * e_2 \end{aligned} \tag{47}$$

Wird der Überlapp zweier Schichten definiert durch den Faktor c_{Lapp}, so lässt sich die tatsächliche Höhe einer Schicht berechnen durch (siehe auch Abbildung 4-14):

$$h_{Lapp} = h_{Layer} - c_{Lapp} \tag{48}$$

Werden Schichten nicht senkrecht übereinandergelegt, sondern in einem bestimmten Winkel θ, so lässt sich die Ellipsengleichung für die nachfolgende Schicht *i+1* darstellen durch:

---

[179] vgl. **Sun, Q.; Rizvi, G.; Bellehumeur, C.; Gu, P.** (Effect of processing conditions of FDM), 2008, S. 75f

[180] vgl. **Ahn, S.; Montero, M.; Odell, D.; Roundy, S.; Wright, P.** (Anisotropic material properties of fused deposition modeling), 2002, S. 5595; **Sun, Q.; Rizvi, G.; Bellehumeur, C.; Gu, P.** (Effect of processing conditions of FDM), 2008, S. 75f

[181] vgl. **ebenda** (Effect of processing conditions of FDM), 2008, S. 76; **Ahn, S.; Montero, M.; Odell, D.; Roundy, S.; Wright, P.** (Anisotropic material properties of fused deposition modeling), 2002, S. 5595

$$\frac{(x-k_1)^2}{{e_1}^2}+\frac{(y-k_2)^2}{{e_2}^2}=1$$
$$mit \quad k_1=\begin{cases}\frac{t}{\tan\theta} & \left(0<\theta<\pi, \theta\neq\frac{\pi}{2}\right)\\ 0 & \left(\theta=\frac{\pi}{2}\right)\end{cases} \tag{49}$$
$$und \quad k_2=t$$

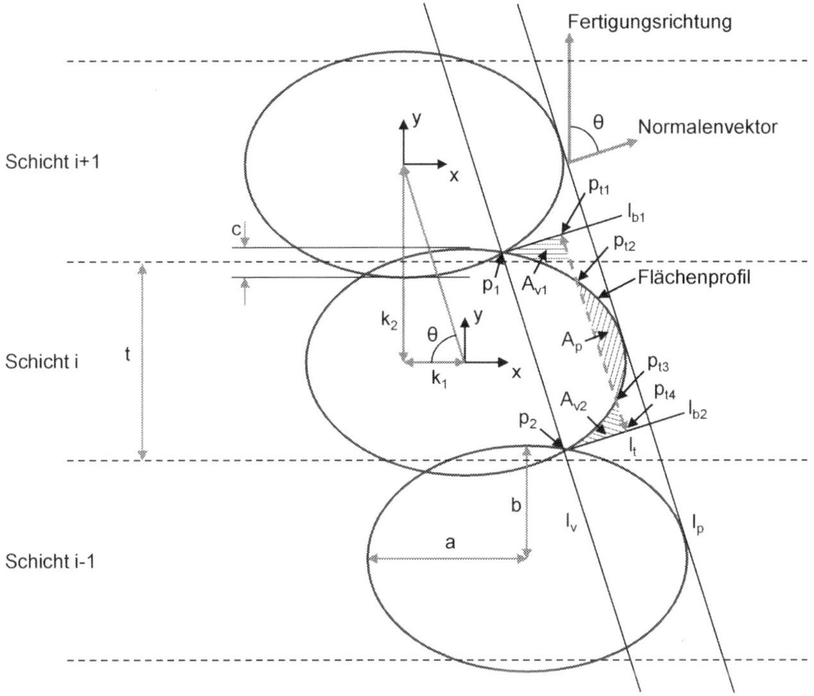

Abbildung 4-14: Geometrische Zusammenhänge zwischen verschiedenen Schichten in Ellipsenform[182]

Zur Berechnung der Rauheit werden die beiden Punkte p_1 *und* p_2 ($p_1(x_1, y_1)$; $p_2(x_2, y_2)$) definiert. Sie befinden sich an den Schnittpunkten zweier aufeinanderfolgender Schichten, die an der Oberfläche des Bauteils liegen (siehe Abbildung 4-14). Diese beiden Punkte werden durch die Linie l_v verbunden, die die tiefsten Täler der Oberfläche verbindet und durch folgende Gleichung definiert ist:

---

[182] vgl. **ebenda** (Anisotropic material properties of fused deposition modeling), 2002, S. 5595

$$l_v(x) = \tan(\pi - \theta)(x - x_1) + y_1 \tag{50}$$

Um die Rauheit bestimmen zu können, definieren AHN ET AL. drei weitere Linien l_{b1} und l_{b2}, die senkrecht zu l_v und durch die Punkte p_1 respektive p_2 verlaufen sowie die Linie l_t, die parallel zu l_v verläuft und durch Schneiden der Ellipse die Flächen A_p, A_{v1} und A_{v2} erzeugt. Die Linie l_t wird so positioniert, dass die entstehenden Flächen genau gleich sind ($A_p = A_{v1} + A_{v2}$). Sie definieren vier weitere Punkte ($p_{t1}(x_{t1},y_{t1})$; $p_{t2}(x_{t2},y_{t2})$; $p_{t3}(x_{t3},y_{t3})$; $p_{t4}(x_{t4},y_{t4})$), wodurch die Eckpunkte der Flächen definiert werden (siehe weiterhin Abbildung 4-14). Die Linien l_t, l_{b1} und l_{b2} werden bestimmt durch die Gleichungen[183]:

$$l_t(x) = \tan(\pi - \theta)(x - x_{t1}) + yt_1 \tag{51}$$

$$l_{b1}(x) = \frac{-(x - x_1)}{\tan(\pi - \theta)} + y_1 \tag{52}$$

$$l_{b2}(x) = \frac{-(x - x_2)}{\tan(\pi - \theta)} + y_2 \tag{53}$$

Die Flächen A_p und A_v werden anschließend bestimmt durch die Gleichungen:

$$A_p = \int_{p_{t3}}^{p_{t2}} [f(y) - l_t(y)]\, dy \tag{54}$$

$$A_{v1} = \int_{x_1}^{x_{t1}} [l_{b1}(x) - f(x)]dx + \int_{x_{t1}}^{x_{t2}} [l_t(x) - f(x)]dx \tag{55}$$

$$A_{v2} = \int_{y_{t4}}^{y_{t3}} [l_t(y) - f(y)]dy + \int_{y_2}^{y_{t4}} [l_{b2}(y) - f(y)]dy \tag{56}$$

$$A_v = A_{v1} + A_{v2} \tag{57}$$

Die finalen Flächen $A_{p,final}$ und $A_{v,final}$ ergeben sich, wenn die folgende Bedingung erfüllt ist:

$$A_t = A_p - A_v = 0 \tag{58}$$

Die Gesamtfläche zur Berechnung der Oberflächenrauheit ist damit definiert durch:

$$A_f = A_{p,final} + A_{v,final} \tag{59}$$

183 vgl. **ebenda** (Anisotropic material properties of fused deposition modeling), 2002, S. 5597

Die Länge des betrachteten Stücks wird bestimmt durch:

$$l_r = \sqrt{(x_1 - x_2)^2 + (y_1 - y_2)^2} \tag{60}$$

Der arithmetische Mittenrauwert lässt sich berechnen durch:

$$R_a = \frac{A_f}{l_r} \tag{61}$$

Nach AHN ET AL. ermöglichen die dargestellten Gleichungen die Berechnung der Rauheit für Oberflächen zwischen 0 und 180°[184].

Modell ausgehend von einer rechteckigen Treppenstruktur der Oberfläche
Wie für die *Maßhaltigkeit*, so wird auch für die *Oberflächenrauheit* ein weiteres Modell aus der Literatur abgeleitet. Dieses basiert auf den Arbeiten von THRIMURTULU ET AL. und auf der Annahme einer treppenförmigen Oberfläche.[185]

Zusätzlich ist das Modell kein reines White Box Modell. Neben den Parametern Fertigungswinkel θ und die Schichtdicke d_L, fließen experimentelle Daten mit in das Modell ein. In Abbildung 4-15 ist die Annahme der rechteckigen Treppenstruktur dargestellt.

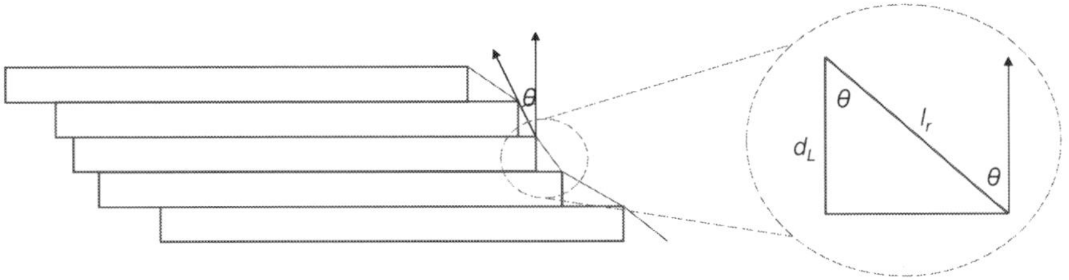

Abbildung 4-15: Vereinfachte rechteckige Treppenstruktur

Aus der Schichtdicke d_L und dem Fertigungswinkel θ lässt sich die Länge eines zu betrachtenden Stückes zur Bestimmung der Oberflächenrauheit berechnen durch:

$$l_r = \frac{\cos\theta}{d_L} \tag{62}$$

[184] vgl. **ebenda** (Anisotropic material properties of fused deposition modeling), 2002, S. 5597

[185] vgl. **Thrimurthulu, K.; Pandey, P.; Venkata Reddy, N.** (Optimum part deposition orientation in FDM), 2004, S. 588

Weiterhin haben Experimente gezeigt, dass sich die *Oberflächenrauheit* R_a für Fertigungswinkel zwischen 0 und 70° bestimmen lässt durch[186]:

$$R_a = 69{,}28 + * \theta * 0{,}044 \frac{d_L}{\cos\theta} \tag{63}$$

Die *Oberflächenrauheit* für einen Fertigungswinkel von 90° wird bestimmt durch:

$$R_{a,90^\circ} = 112{,}6 * d_L \tag{64}$$

Für alle Fertigungswinkel zwischen 70° und 90° wird die *Oberflächenrauheit* von PANDEY ET AL. durch lineare Variation zwischen den beiden Werten bestimmt:

$$R_a(\theta) = \frac{1}{20}\{90 * R_{a,70^\circ} - 70 * R_{a,90^\circ} + \theta(R_{a,90^\circ} - R_{a,70^\circ})\} \tag{65}$$

Einsetzen von (63) und (64) in (65) ergibt:

$$\begin{aligned} R_a(\theta) = \frac{1}{20}\Bigg\{ & 90 * \left(69{,}28 + 70^\circ * 0{,}044 \frac{d_L}{\cos\theta}\right) - 70 * (112{,}6 * d_L) \\ & + \theta\left((112{,}6 * d_L) - \left(69{,}28 + 70^\circ * 0{,}044 \frac{d_L}{\cos\theta}\right)\right)\Bigg\} \end{aligned} \tag{66}$$

4.4.1.4 Zielgröße Energieverbrauch

Die letzte betrachtete Zielgröße ist der Energieverbrauch während des Druckprozesses. Zur Berechnung dieser Größe werden im Folgenden die anliegenden durchschnittlichen Ströme gemessen, berechnet und anschließend mit der Spannung und der Druckzeit multipliziert, um so den resultierenden Energieverbrauch zu erhalten. Zur Bestimmung der Hauptverbraucher des 3D-Drucksystems wurde ein Vorexperiment durchgeführt. Während des gesamten Experiments wurde der Stromverbrauch mit einem "Dreiphasigen Energie- und Netzstöranalysator PowerVisa MAVOWATT 30“ der Firma Messtechnik GmbH gemessen. Das Experiment bestand aus den Schritten:

- Das Messgerät wird angeschaltet (Standby). Der 3D-Drucker Ultimaker UM2 ist ausgeschaltet.

---

[186] vgl. **Pandey, P.; Venkata Reddy, N.; Dhande, S.** (Improvement of surface finish), 2003, S. 326

- Der UM2 wird angeschaltet und für 5 Minuten im Standby Betrieb belassen. Alle Motoren, Heizelemente und Ventilatoren sind ausgeschaltet.
- Der UM2 wird mit dem Rechner verbunden.
- Die Schrittmotoren zur Bewegung des Druckkopfes über einen Weg von 80mm in x- sowie in y-Richtung werden angesteuert.
- Die Plattform wird über einen Weg von 50 mm in die positive sowie in die negative z-Richtung bewegt.
- Die Nadel wird erhitzt, um einen Temperaturanstieg von der Ausgangstemperatur $T_{N,0}$ = 23°C auf die Betriebstemperatur T_N = 260°C zu erreichen. Anschließend wird die Nadel wieder auf die Ausgangstemperatur abgekühlt. Der Vorgang wird dreimal wiederholt.
- Das Druckbett wird erhitzt, um einen Temperaturanstieg von der Ausgangstemperatur $T_{P,0}$ = 19°C auf die Betriebstemperatur T_P = 90°C zu erreichen. Anschließend wird das Druckbettes wieder auf die Ausgangstemperatur abgekühlt. Der Vorgang wird dreimal wiederholt.
- Die Nadel wird auf die Betriebstemperatur T_N = 210°C erhitzt und es werden anschließend 50 mm Filament extrahiert.
- Es werden drei Würfel mit einer Kantenlänge von 10 mm gedruckt.
- Es werden drei Zylinder mit einem Durchmesser von 20mm und einer Höhe von 10 mm gedruckt.

Für die Modellbildung werden folgende Annahmen getroffen:

- Die Umgebungstemperatur wird als konstant angenommen (Raumtemperatur ca. 20°C) und im Modell nicht weiter betrachtet.
- Die Reibung der Linearachsen wird vernachlässigt.
- Die Auslastung der Schrittmotoren liegt bei 100%. Das heißt wenn gedruckt wird, ist die Annahme, dass sich auch beide Motoren bewegen.

Die elektrischen Eigenschaften der Bauteile werden dem Datenblatt des Ultimaker UM2 entnommen und sind in Tabelle 10 aufgelistet.

Tabelle 10: Stromverbraucher des 3D-Drucksystems

Komponente	Formelzeichen	Anzahl	Maximaler Stromverbrauch
Heizelement der Nadel	$I_{N,max}$	1	1,042 A
Heizelement der Plattform	$I_{P,max}$	1	5 A
Schrittmotor	$I_{SM,max}$	4	1,5 - 1,8A
Hauptventilator	$I_{V1,max}$	1	0,12 A
Nebenventilatoren	$I_{V2,max}$	2	0,08 A
Haltekraft der Plattform	$I_{P,H}$	1	1 A
Extruder	I_{Ext}	1	1 A

Das Vorexperiment hat jedoch gezeigt, dass die maximalen Ströme nicht immer erreicht werden, um beispielsweise ein Überhitzen zu vermeiden. So erreicht der Stromfluss in den Schrittmotoren $I_{SM,max}$ maximal 1 A. Weiterhin hat das Experiment gezeigt, dass der Zusammenhang zwischen dem Stromfluss in den Schrittmotoren und der Druckgeschwindigkeit linear ist. Weiterhin hängen ebenfalls die Stromflüsse in Nadel $I_{N,max}$ und Plattform $I_{P,max}$ linear mit den anliegenden Temperaturen in selbigen zusammen. Die Auslastung des Heizelements in der Nadel während des Druckprozesses liegt bei etwa 50% und die des Heizelements in der Plattform bei 90%.

Der Gesamtstromverbrauch während des Druckprozesses lässt sich berechnen durch:

$$I_{print} = 0{,}5 * I_{N,max} * \frac{T_{N,aktuell}}{T_{N,max}} + 0{,}9 * I_{P,max} * \frac{T_{P,aktuell}}{T_{P,max}} + 2 * I_{SM,max} \frac{v_{pr}}{v_{pr,max}} + I_{Ext} + I_{P,H} + I_{V1,max} + 2 * I_{V2,max} \quad (67)$$

Zur Bestimmung des Energieverbrauchs muss der errechnete Strom noch auf die Netzspannung bezogen und mit der Druckzeit multipliziert werden:

$$E_{el} = I_{print} * \frac{230V}{24V} * t_{Pr} \quad (68)$$

Daraus ergibt sich die elektrische Energie für den betrachteten Prozess.

4.5 Evaluierung der Modelle

4.5.1 Vergleich der Black und White Box Modelle

Für jede definierte Zielgröße wurde immer mindestens ein Black und ein White Box Modell abgeleitet. Zur Evaluierung der entwickelten Modelle wird ein weiteres Experiment durchgeführt, das insgesamt aus 15 Versuchen besteht und drei verschiedene Parameteroptimierungen enthält. Die Optimierungen unterscheiden sich hinsichtlich der Gewichtung, die den einzelnen Zielgrößen gegeben werden. Zur Erinnerung: Es wurden die vier Zielgrößen *Maßhaltigkeit*, *Energieverbrauch*, *Oberflächenrauheit* und *Druckzeit* definiert. Zusätzlich wurden die *Maßhaltigkeit* und die *Oberflächenrauheit* an je drei Stellen des Bauteils untersucht. Somit ergeben sich insgesamt acht Ausprägungen der Zielgrößen, die mit unterschiedlichen Gewichten belegt werden. Es werden Gewichte von eins bis fünf für die verschiedenen Zielgrößen vergeben. Für die drei Optimierungsversuche sind diese in Tabelle 11 dargestellt. Die Vergabe der Gewichte erfolgt nach keiner speziellen Struktur, sondern rein zufällig.

Tabelle 11: Gewichte der Zielgrößen für die drei Optimierungsversuche

Zielgröße	Gewichte		
	Versuch 1	Versuch 2	Versuch 3
Druckzeit	5	3	2
Energieverbrauch	5	3	3
Oberflächenrauheit 1	4	4	5
Oberflächenrauheit 2	3	4	5
Oberflächenrauheit 3	1	1	1
Maßhaltigkeit (b)	4	5	3
Maßhaltigkeit (h)	3	5	3
Maßhaltigkeit (d)	1	1	2

Für jeden Optimierungsversuch der Black Box Modelle wird das bereits bekannte Bauteil fünf weitere Male mit Hilfe des 3D-Drucksystems gedruckt und die Zielgrößen gemessen. Dafür wird mit Hilfe der Software Minitab eine Zielgrößenoptimierung vorgenommen. Das heißt die Gewichte für die Zielgrößen werden in die Software übertragen. Ebenso wird eingestellt, dass die Zielgrößen *Druckzeit*, *Energieverbrauch* und Oberflächenrauheit minimiert sowie die *Maßhaltigkeit* einen definierten Sollwert erreichen soll. Der Minimierungsalgorithmus (vgl. Kapitel 2.1.2) errechnet aus diesen Informationen und basierend auf den Black Box Modellen die optimalen Parametereinstellungen zur Annäherung an den Sollwert bzw. Minimierung der Zielgrößen unter Berücksichtigung der Gewichtung. Ergebnis sind drei verschiedene Parametrisierungen des 3D-Drucksystems (Tabelle 12). Es ist zu erkennen, dass für die Parameter *Nozzle temperature*, *Platform temperature*, *Fill density* und *Print speed* jeweils die obere bzw. untere Faktorstufe als optimaler Wert vorgeschlagen wird. Wohingegen für die anderen Parameter ein Wert zwischen der unteren und der oberen Faktorstufe als optimal errechnet wird. Dies legt die Vermutung nahe, dass für diese vier Parameter der zielgrößenoptimale Wert außerhalb des betrachteten Parameterraumes liegt.

Tabelle 12: Parametereinstellungen der drei Optimierungsversuche

Parameter	Versuch 1	Versuch 2	Versuch 3
Layer height [mm]	0,1406	0,1157	0,1099
Nozzle temperature [°C]	260	260	260
Plattform temperature [°C]	70	70	70
Fill density [%]	10	10	10
Print speed [mm/s]	80	80	80
Bottom layer speed [mm/s]	30,7071	30,5051	30,7071
Infill speed [mm/s]	48,7879	50,9091	55,1515

Nachdem die Validierungsbauteile gedruckt und alle Zielgrößen gemessen wurden, wird die Fähigkeit der erstellen Modelle zur Prädiktion bewertet. Die Ergebnisse sind für die drei Optimierungsversuche folgend in Tabelle 13, Tabelle 14 und Tabelle 15 dargestellt. In den Zeilen sind jeweils die verschiedenen Zielgrößen aufgetragen. In den Spalten sind (von links nach rechts) zunächst die tatsächlich gemessenen Werte, die entsprechenden Vorhersagen der Black und White Box Modelle sowie die Abweichungen zwischen echtem Wert und Modellprädiktion in Prozent angegeben. Zur Bewertung der Modelle wird im Folgenden angenommen, dass eine Abweichung zwischen Prädiktion und tatsächlichem Wert von kleiner gleich fünf Prozent als akzeptabel gilt. Größere Abweichungen werden als nicht akzeptabel bewertet. Zur Visualisierung sind die Modelle mit einem Fehler kleiner gleich fünf Prozent in rot eingefärbt. Es ist zu erkennen, dass die Fehler sehr stark variieren. Die besten Modelle weisen einen vernachlässigbar kleinen Fehler auf (0 %), wohingegen die Abweichung zwischen Prädiktion und gemessenem Wert an einigen Stellen Werte über 60, 80 und sogar 100 % erreicht. Eine allgemeingültige Aussage über die Güte der erstellten Modelle kann nicht getroffen werden. Jedoch wird ersichtlich, dass prinzipiell sowohl Black als auch White Box Ansätze geeignet sind, den betrachteten Prozess zu modellieren, eine Prädiktion der Zielgrößen durchzuführen und die Modelle zur Parameteroptimierung zu nutzen. Über alle drei Optimierungen erreichen die Black Box Modelle einen mittleren Fehler von 2,524 %. Die White Box Modelle hingegen erreichen einen Fehler von 17,277 %, vor allem bedingt durch die bereits erwähnten Ausreißer mit Modellfehlern um die 60 bis über 100 %.

Tabelle 13: Prädiktion und Fehler der Black und White Box Modelle (Optimierung 1)

Zielgröße	Messwert	Prädiktion			Modellfehler		
		Black Box	White Box Modell(e)		Black box	White Box Modell(e)	
Druckzeit [s]	663.6	651.5	670		0.3 %	-0.9 %	
Energieverbrauch [Wh]	1.256	1.242	1.240		1.14 %	1.28 %	
Maßhaltigkeit (Breite) [mm]	22.82	22.89	22.93	22.98	-0.31 %	0.48 %	0.7 %
Maßhaltigkeit (Höhe) [mm]	2.66	2.65	2.49	2.50	0.38 %	6.83 %	6.4 %
Maßhaltigkeit (Durchm.) [mm]	9.95	9.91	9.97	9.99	0.4 %	-0.2 %	-0.4 %
Oberflächenrauheit 1 [µm]	16.241	16.241	14.45	9.74	-0.04 %	12.39 %	66.7 %
Oberflächenrauheit 2 [µm]	16.079	16.079	18.74	15.83	7.7 %	14.2 %	1.6 %
Oberflächenrauheit 3 [µm]	25.742	25.742	24.71	16.08	-5.06 %	4.17 %	60.1 %

Tabelle 14: Prädiktion und Fehler der Black und White Box Modelle (Optimierung 2)

Zielgröße	Messwert	Prädiktion			Modellfehler		
		Black Box	White Box Modell(e)		Black Box	White Box Modell(e)	
Druckzeit [s]	795	-0.068	-0,0124		-6.8 %	-1.24 %	
Energie-verbrauch [Wh]	1,517	1,491	1,486		1,14 %	1,28 %	
Maßhaltigkeit (Breite) [mm]	22.84	22.88	22.93	22.98	-0,2 %	-0,4 %	-0,6 %
Maßhaltigkeit (Höhe) [mm]	2.64	2.64	2.49	2.5	0 %	6 %	5,6 %
Maßhaltigkeit (Durchm.) [mm]	9.96	9.91	9.97	9.99	0,51 %	-0,1 %	-0,3 %
Oberflächenrauheit 1 [µm]	15.769	15.755	14.25	8.016	0,8 %	-8,4 %	96,5 %
Oberflächenrauheit 2 [µm]	14.349	13.851	18.17	13.027	3,59 %	20,8 %	10,1 %
Oberflächenrauheit 3 [µm]	24.373	27.002	24.03	13,226	9,73 %	1,4 %	100,4 %

Tabelle 15: Prädiktion und Fehler der Black und White Box Modelle (Optimierung 3)

Zielgröße	Messwert	Prädiktion			Modellfehler		
		Black Box	White Box Modell(e)		Black box	White Box Modell(e)	
Druckzeit [s]	822,6	892,36	834		-7,8 %	-1,37 %	
Energieverbrauch [Wh]	1,567	1,543	1,537		1,45 %	1,85 %	
Maßhaltigkeit (Breite) [mm]	22.8	22.88	22.93	22.98	-0,4 %	-0,6 %	-0,9 %
Maßhaltigkeit (Höhe) [mm]	2.62	2.64	2.49	2.5	-0,8 %	5,2 %	4,8 %
Maßhaltigkeit (Durchm.) [mm]	9.97	9.91	9.97	9.99	0,61 %	0 %	-0,2 %
Oberflächenrauheit 1 [µm]	15.404	15.407	13,95	7.614	0,02 %	10,4 %	100,2 %
Oberflächenrauheit 2 [µm]	16.303	14.949	17.71	12.375	9,05 %	-9 %	31,7 %
Oberflächenrauheit 3 [µm]	27.047	26.429	23.84	13.107	2,34 %	13,5 %	100,64 %

Der erste Teil der in Kapitel 3.3 vorgestellten Annahme lautete, dass Black Box Modelle für einen ausreichend großen Datensatz exaktere Ergebnisse liefern als White Box Modelle. Für die insgesamt in den drei Optimierungsexperimenten betrachteten 24 Zielgrößen erreichten Black Box Modelle 15-mal ein besseres Ergebnis als White Box Modelle. Neunmal erreichten White Box Modelle ein besseres Ergebnis. Der erste Teil der Annahme kann folglich nicht eindeutig bestätigt werden. Allerdings unterstützt dieses Ergebnis umso mehr den Ansatz, Black und White Box Modelle anwendungsfallspezifisch zu kombinieren. Im folgenden Kapitel wird der zweite Teil der Annahme überprüft, dass Black Box Modelle generell nicht auf weitere Anwendungsfälle (zum Beispiel verschiedene Bauteile) übertragbar sind.

Für die Maßhaltigkeit wurde weiterhin festgestellt, dass diese sich unterschiedlich verhält, je nachdem, ob diese horizontal (Breite und Länge) oder vertikal (Höhe) gemessen wird. So streuen die Maße für Breite und Länge normalverteilt um den Sollwert, wohingegen der Mittelwert für die Höhe deutlich unter dem Sollwert liegt. Somit scheinen bei der Höhe weitere Effekte, wie beispielsweise die Schwerkraft, das Systemverhalten zu beeinflussen. Für weitere Untersuchungen wird die Höhe daher zunächst nicht weiter betrachtet und die Maße für Breite und Länge werden zusammengefasst, da diese sich sehr ähnlich verhalten.

Somit ist Teilforschungsfrage I beantwortet:

Teilforschungsfragen	I	Wie unterscheiden sich empirische (Black Box) sowie physikalische (White Box) Modelle in der Vorhersage des Systemverhaltens eines Fused Deposition Modeling Prozesses für einen Anwendungsfall?	☑

4.5.2 Eignung der Black Box Modellansätze für weitere Anwendungsfälle

Anders als die White Box Modelle, die zunächst unabhängig von einer bestimmten Bauteilgeometrie erstellt wurden, wurden die Black Box Modelle speziell auf den definierten Anwendungsfall hin angepasst. Zur Beantwortung der Teilforschungsfrage II aber auch zur Überprüfung des zweiten Teils der Annahme aus Kapitel 3.3, dass Black Box Modelle generell nicht ohne weiteres übertragbar auf weitere Anwendungsfälle sind, durch die der Ansatz zur Verwendung von Black und White Box Modellen motiviert wurde, wird nachfolgend ein weiteres Experiment durchgeführt, indem ein Bauteil mit einer neuen Geometrie gedruckt wird. Um eine gute Vergleichbarkeit zu gewährleisten, wurde ein neues Bauteil designt, welches jedoch eine gewisse geometrische Ähnlichkeit zum ersten Bauteil besitzt. So hat der Sockel die gleichen Maße, der Aufbau und das Gesamtvolumen unterscheiden sich jedoch grundsätzlich (vgl. Abbildung 4-16). Zur Modellierung der Maßhaltigkeit entfällt im neuen Teil der Innendurchmesser des Kreises, jedoch wird stattdessen die Breite des Steges und des Kugelsegments hinzugezogen. Die Höhe wird außer Acht gelassen, da sie wie auch beim alten Referenzteils ein anderes Verhalten im Vergleich zu den restlichen Maßen aufweist. Dies bestätigt die Vermutung, dass neben dem Verzug weitere Effekte bei der Höhe eine Rolle spielen. Das in Kapitel 4.3.1 durchgeführte Experiment für die statistische Modellbildung wird für das neue Bauteil wiederholt. Es werden insgesamt erneut 82 Teile mit dem 3D-Drucksystem hergestellt und die Zielgrößen Druckzeit, Maßhaltigkeit (zweifach), Oberflächenrauheit (dreifach) und Energieverbrauch gemessen. Dabei werden exakt die gleichen Parametereinstellungen verwendet. Zur Prädiktion der Ergebnisse werden die Black Modelle des alten Bauteils verwendet und übertragen. Für alle Bauteile wurden die durchschnittlichen Abweichungen zwischen Prädiktion und Messwert berechnet.

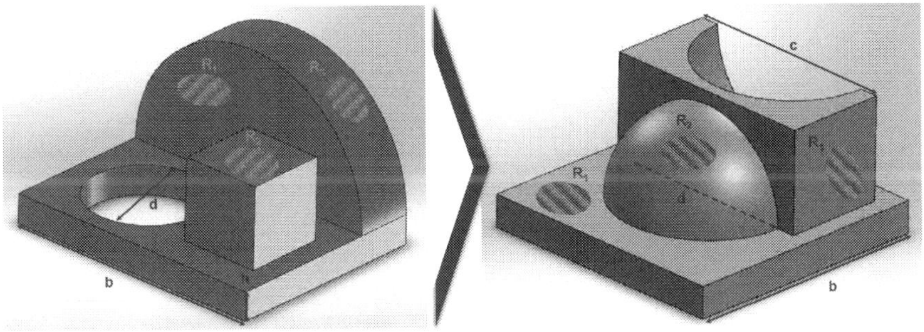

Abbildung 4-16: Vergleich zwischen altem (l) und neuem Bauteil (r)

Im Folgenden wird erläutert, wie sich die Black Box Modelle, die auf Basis des ersten Bauteils erstellt wurden, bei der Anwendung auf die neue Geometrie verhalten. In Abbildung 4-17 ist zunächst der Fehler der Modellvorhersage für alle Bauteile für die Druckzeit dargestellt. Im Detail bedeutet dies, dass zunächst 15 Teile gedruckt werden, bevor das erste Mal eine Black Box aus den Daten erzeugt wird. An dieser Stelle ist der Fehler deutlich über 100 %. Ab 20 Teilen sinkt Fehler rapide auf unter 10 %. Im Anschluss werden immer 10 Teile gedruckt, bevor eine neue Black Box erstellt wird. Dies dient zum einen dazu, den Einfluss der natürlichen

Streuung zu verringern und trägt zum anderen dem Umstand Rechnung, dass durch die benötigten Rechenzeiten bei der späteren Anwendung ebenfalls nicht nach jedem Teil neue Modelle erzeugt werden sollten.

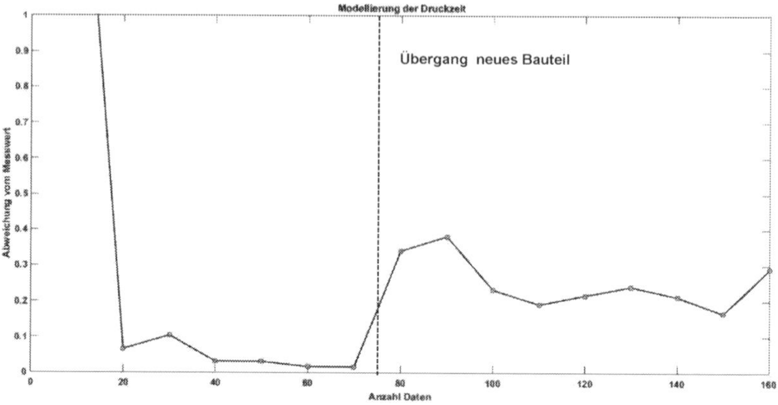

Abbildung 4-17: Übergang des Fehlers des Black-Box Modells zum neuen Bauteil für die Druckzeit

So ist zu erkennen, dass der Fehler ab etwa 40 Teilen deutlich unter 5 % liegt und kontinuierlich besser wird. Beim Übergang zur neuen Bauteilgeometrie zeigt sich dann der Nachteil der verwendeten Black Box. Dadurch dass diese nicht an die Geometrie angepasst ist, versagt sie bei der Prädiktion des Ergebnisses mit Fehlern von um die 20 %. Die Black Box wird nach dem Übergang jedoch nicht weiter angepasst, um zu untersuchen, wie sie sich bei der Anwendung auf eine neue Geometrie verhält. Ein ähnliches Bild ist bei der Black Box für die Zielgröße Energieverbrauch (Abbildung 4-18), der Fehler sinkt zunächst stark ab und steigt dann wieder beim Übergang zur neuen Bauteilgeometrie.

Bei der Zielgröße Maßhaltigkeit lässt sich jedoch kein eindeutiges Bild erkennen (Abbildung 4-19). Zum einen bleibt der Fehler der Black Box bei über 20 % gegen Ende des Bauteilgeometrie 1. Der Anstieg des Fehlers beim Übergang ist nicht ganz so eindeutig, wie für die beiden vorher gezeigten Zielgrößen. Der Fehler oszilliert im Anschluss um etwa 30 %, bevor er gegen Ende stark abfällt. Eine Erklärung für diese starke Reduktion des Fehlers kann an dieser Stelle nicht gegeben werden. Einen Einfluss wird aber wahrscheinlich die Tatsache haben, dass die Maße der beiden Geometrien in einem ähnlichen Bereich liegen. Für die Zielgröße Rauheit ergibt sich wiederum ein eindeutiges, wenn auch deutlich anderes Bild.

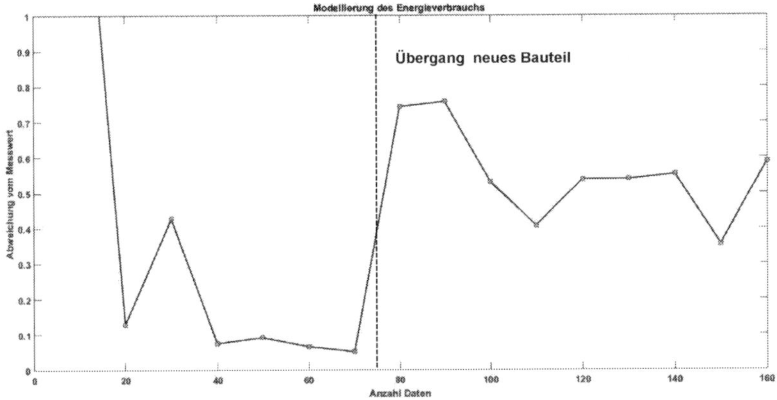

Abbildung 4-18: Übergang des Fehlers des Black-Box Modells zum neuen Bauteil für den Energieverbrauch

So ist in Abbildung 4-20 zu erkennen, dass der Fehler sich wie erwartet zunächst gegen einen Grenzwert entwickelt.

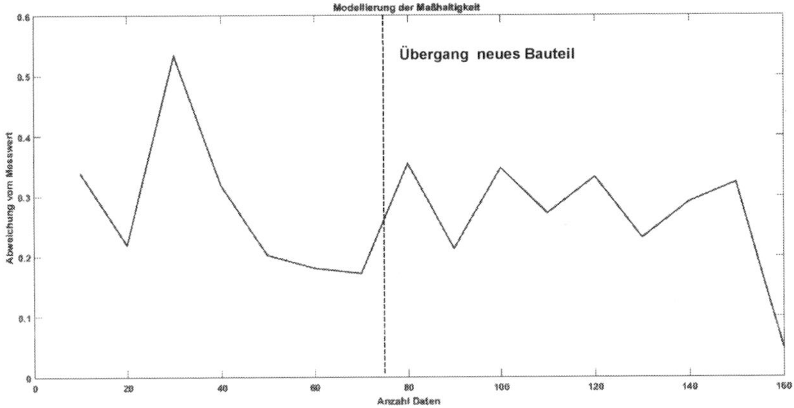

Abbildung 4-19: Übergang des Fehlers des Black-Box Modells zum neuen Bauteil für die Maßhaltigkeit

Beim Übergang zur neuen Geometrie ist jedoch in diesem Fall kein signifikanter Anstieg des Fehlers zu erkennen. Die veränderte Geometrie scheint keinen Einfluss auf den Fehler der verwendeten Black Box zu haben. Wie sind diese Ergebnisse zu interpretieren, insbesondere hinsichtlich der in Kapitel 3.3 aufgestellten Annahme? Für die Zielgrößen Druckzeit und Energieverbrauch ist eine Übertragbarkeit der Black Box Modelle auf unterschiedliche Bauteilgeometrien nicht gegeben.

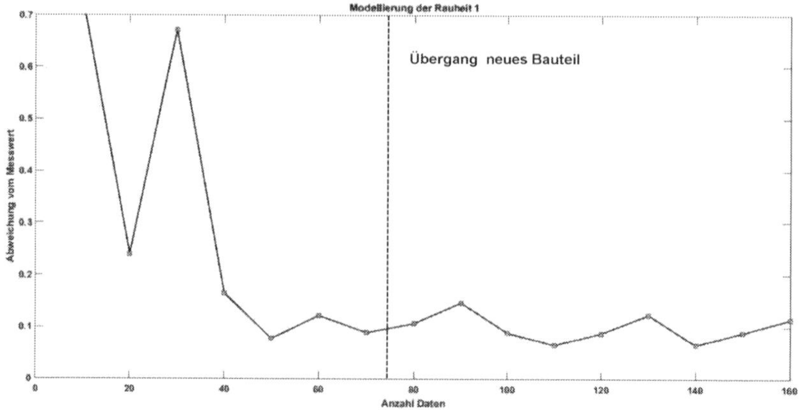

Abbildung 4-20: Übergang des Fehlers des Black-Box Modells zum neuen Bauteil für die Rauheit

Dies ist wahrscheinlich darauf zurückzuführen, dass die beiden Geometrien unterschiedliche Volumina besitzen, wodurch der zurückzulegende Pfad durch den Druckkopf stark variiert und die Druckzeit und der Energieverbrauch stark beeinflusst werden. Dieser Volumenunterschied wird jedoch in den Black Box Modellen nicht berücksichtigt, wodurch die hohen Fehler bei der Prädiktion zustande kommen. Bei der Rauheit ist die Situation etwas anders. Da beim Design der beiden Bauteile die Rauheit nicht als veränderliches Merkmal berücksichtig wurde, sondern es lediglich in den CAD Modellen glatte Flächen gibt, ergeben sich die Rauheiten direkt aus den Eigenschaften von Material und Drucker, wodurch sich die Oberflächen nicht grundsätzlich unterscheiden. Dies erklärt, dass das Black Box Modell von der einen auf die andere Bauteilgeometrie übertragen werden kann. Die Vermutung liegt jedoch nahe, dass diese Übertragbarkeit lediglich zwischen Bauteilen gegeben ist. Bei anderen Materialien oder gar Druckern ist es wahrscheinlich, dass die Black Box Modelle nicht mehr funktionieren. Für die Zielgröße Maßhaltigkeit kann an dieser Stelle keine eindeutige Interpretation gegeben werden. Es kann jedoch vermutet werden, dass bei ähnlichen Geometrien eine Übertragung der Modelle generell möglich ist, sich der Fehler bei der Maßhaltigkeit jedoch bei anderen Geometrien und vor allem größeren und kleineren Bauteilen anders verhält.

Die Annahme, dass eine grundsätzliche Übertragbarkeit der Black Box Modelle auf weitere Bauteilgeometrien nicht gegeben ist, kann folglich bestätigt werden. Um diesem Umstand Rechnung zu tragen, wird im folgenden Kapitel ein Konzept für eine adaptive Black Box Modellierung vorgestellt.

Somit wird Teilforschungsfrage II mit ja beantwortet:

Teilforschungs-fragen	II	Ist eine generelle Übertragbarkeit der Black Box Modelle auf andere Anwendungsfälle nicht gegeben und ist folglich eine anwendungsfallspezifische Kombination der Black und White Modelle zu einer Grey Box und Adaption der Black Box zielführend? ☑

5 Grey Box Modellierung zur Parameteroptimierung eines FDM Prozesses

Ziel dieser wissenschaftlichen Arbeit ist der Entwurf eines Grey Box Ansatzes in dem Sinne, dass Black und White Box Modelle anwendungsfallspezifisch kombiniert werden und die Umsetzung dieser Modelle in einer Software zur Parameteroptimierung des verwendeten 3D-Drucksystems. Da eine generelle Übertragbarkeit der Black Box Modelle nicht gegeben ist, müssen diese zudem adaptiv sein und sich automatisch an ändernde Bedingungen anpassen. Für ein Konzept einer Grey Box Modellierung müssen demnach fünf zentrale Aufgaben realisiert werden:

1. Auswahl geeigneter White Box Modelle basierend auf den Prädiktionsergebnissen unter Berücksichtigung eines späteren Implementierungsaufwandes (Kapitel 5.1)
2. Konzept für eine kontinuierliche Optimierung der Black Box Modelle sowie Anpassung bei sich änderndem Bauteil (Kapitel 5.2)
3. Konzeption einer Kombination der Black und White Box Modelle in einem verbesserten Grey Box Ansatz (Kapitel 5.3 und 5.4)
4. Auswahl eines geeigneten Algorithmus zur Optimierung der Einflussparameter (Kapitel 5.5)
5. Implementierung der ausgewählten Modelle sowie des Optimierungsalgorithmus (Kapitel 5.6)

5.1 Auswahl geeigneter White Box Modellansätze

Nachdem in Kapitel 4.5 gezeigt wurde, dass die untersuchten Modellansätze prinzipiell fähig sind, das Systemverhalten abzubilden und auch zur Parameteroptimierung genutzt werden können, wird als nächstes, basierend auf der Evaluierung, eine Auswahl der Modelle getroffen, ob diese in der Software zur Parameteroptimierung implementiert oder verworfen werden. Dabei wird neben den Ergebnissen des Evaluierungsexperiments ebenfalls der Implementierungsaufwand der Modelle berücksichtigt. Dies geschieht für jede Zielgröße einzeln.

Modellierung der Druckzeit

Das in Kapitel 4.4.1.1 vorgestellte Modell der Druckzeit basiert auf den verschiedenen Druckgeschwindigkeiten und den zurückzulegenden Wegen des Druckkopfes. Es berücksichtigt weiterhin die Zeit zwischen dem Druck von zwei Schichten durch das Verfahren der Plattform sowie eine Wartezeit, die eingehalten werden muss, bevor mit dem Druck einer neuen Schicht begonnen wird. Das Validierungsexperiment bescheinigt dem Ansatz eine sehr gute Prädiktionsfähigkeit, bei relativ geringem Implementierungsaufwand. Zusätzlich wird ein Algorithmus (*Gcodereader*) implementiert, der auf Basis eines G-Codes die für das Modell benötigten Verfahrwege bei unterschiedlichen Druckgeschwindigkeiten errechnet.

Modellierung der Maßhaltigkeit

In Kapitel 4.4.1.2 wurde aus der Literatur das Modell von WANG ET AL. vorgestellt, welches die Abweichungen bei der Maßhaltigkeit auf spezifische Materialeigenschaften in Verbindung mit den beim Druck herrschenden Temperaturen zurückführt. Erste Untersuchungen haben gezeigt, dass das Material PLA, welches in den Vorexperimenten benutzt wurde, bei Abkühlung nur einen sehr geringen Verzug aufweist, bedingt durch einen dem Material eigenen kleinen Wärmeausdehnungskoeffizienten und der mikroskopischen Struktur. Da die Bauteile mit einem Messschieber vermessen wurden, ist zu erwarten, dass die Ungenauigkeit beim Messen den berechneten Verzug übertrifft. Das Modell ist für den Einsatz von PLA nicht geeignet. Beim Einsatz des Materials ABS hingegen, welches einen deutlich größeren Verzug aufweist, kann das Modell eingesetzt werden und wird daher trotz eines relativen hohen Implementierungsaufwandes umgesetzt.

Der zweite vorgestellte Modellansatz basiert auf einem empirisch ermittelten Schrumpffaktor. Da es sich um einen konstanten Faktor handelt, werden weitere Einflüsse, wie die Drucktemperaturen nicht betrachtet. Der Faktor beruht zwar auf den materialspezifischen Wärmeausdehnungskoeffizienten, nähert jedoch die typischen Verfahrenstemperaturen beim Druckprozess als Richtwert an. Da das Ziel die Optimierung der Einstellparameter ist, ist dieser Ansatz nicht optimal, da er nicht zur Parametrierung beitragen kann. Insbesondere für den Kunststoff PLA existiert jedoch zurzeit kein alternatives Modell. Der Implementierungsaufwand ist gering, weshalb das Modell ebenfalls umgesetzt wird.

Modellierung der Oberflächenrauheit

Zur Modellierung der Rauheit wurden in Kapitel 4.4.1.3 zwei Modelle vorgestellt und anschließend in Kapitel 4.5 evaluiert. Das Modell von *Ahn et al.* nähert das Profil des Filaments elliptisch an und berechnet die Rauheit der Oberfläche auf Basis der Überschneidung zweier benachbarter Filamente (Kapitel 4.4.1.3). Anschließend werden die für die Rauheitsberechnung benötigten Flächen innerhalb der Kontur des Filaments iterativ berechnet. Das Modell lieferte bei der Prädiktion teilweise vielversprechende Ergebnisse und wurde daher testweise implementiert. Dort stellte sich jedoch heraus, dass die hohe Komplexität der Berechnungsvorschriften und deren iterativen Wiederholungen zu einer inakzeptabel hohen Rechenzeit führen. Das Modell ist weiterhin nur bei Winkeln von über 30° anwendbar und wird daher verworfen.

In dem Modell von PANDEY ET AL. werden drei Winkelbereiche unterschieden, die jeweils unterschiedlich modelliert werden. Die Berechnung der Oberflächenrauheit bei einem Winkel von genau 0° und im Bereich von 20° bis 90° wird auf Basis geometrischer Überlegungen erstellt. Im Bereich zwischen 0 und 20°, der bei dem Modell von AHN ET AL. nicht beschrieben wird, benutzen die Autoren eine lineare Interpolation zur Annäherung der Werte. Somit wird durch dieses Modell der gesamte Bereich von 0 bis 90°, und folglich jeder beliebige Winkel, abgedeckt. Dies in Verbindung mit den Ergebnissen des Prädiktionsexperiments und dem relativ geringen Implementierungsaufwand führt dazu, dass dieses Modell für die Implementierung ausgewählt wird.

Modellierung des Energieverbrauchs

Für die Modellierung des Energieverbrauchs existieren in der Literatur bisher keine geeigneten Ansätze. Das in Kapitel 4.4.1.4 entwickelte Modell berücksichtig die zurückzulegenden Wege, die Druckzeit sowie spezifische Eigenschaften des Verwendeten 3D-Drucksystems Ultimaker

2, wie die Stromaufnahme der einzelnen elektrischen Verbraucher (Düse, Plattform, Ventilatoren, etc.). Ebenfalls werden Ergebnisse des bereits bei der Modellierung der Druckzeit eingesetzten Algorithmus (*Gcodereader*) in die Bestimmung des Energieverbrauchs einbezogen. Der Implementierungsaufwand ist relativ gering und die Ergebnisse des Evaluierungsexperiments bescheinigen dem Modell eine sehr gute Prädiktionsfähigkeit. Es wird daher in der Software umgesetzt.

5.2 Auswahl geeigneter Black Box Modellansätze

5.2.1 Konzept für adaptive Black Box Modelle

In Kapitel 4.4 wurden verschiedene Ansätze zur Realisierung der White Box Modelle vorgestellt, in Kapitel 4.5 evaluiert und im vorangegangenen Kapitel 5.1 für die Implementierung ausgewählt. Im Bereich der Black Box Modelle ist die Situation unterschiedlich. Dort wurden in Kapitel 4.3 ein Experiment zur Datengenerierung und anschließend die Erstellung der Modelle durchgeführt. Die Modelle wurden ebenfalls in Kapitel 4.5 einer Evaluierung unterzogen mit dem Ergebnis, dass alle (je nach Gewichtung) gute bis sehr gute Ergebnisse geliefert haben. Das Experiment zur Übertragung auf weitere Bauteile (Kapitel 4.5.2) hat jedoch gezeigt, dass sich die anfangs formulierte Annahme, dass eine generelle Übertragbarkeit von Black Box Modellen auf veränderte Anwendungsfälle nicht gegeben ist, bestätigt hat. Folglich ist es notwendig, einen Ansatz zu konzipieren, mit dem die Black Box Modelle eine Lernfähigkeit erlangen und sich adaptiv an ändernde Bedingungen anpassen.

Die Forderung wird realisiert, indem der Prozess der Black Box Modellierung, der im Modellierungsexperiment noch einmalig mit Hilfe der ANOVA Methode durchgeführt wurde, in der Software umgesetzt wird und automatisiert wiederholt werden kann. In Verbindung mit der Möglichkeit dort iterativ neue Datensätze von Kombinationen aus verwendeten Parametern und gemessenen Zielgrößen zu hinterlegen, entsteht die Möglichkeit, nach jedem durchgeführten Druck und Vermessung eines Bauteils, die Black Box Modelle auf Basis der vorhandenen Daten neu zu generieren. Sie können sich an veränderte äußere Bedingungen wie zum Beispiel die Raumtemperatur, bei der ein Einfluss vermutet wird aber in keinem der White Box Modelle berücksichtigt wurde, anzupassen. Weiterhin erlaubt dies die Generierung von vollständig neuen Black Modellen in dem Fall, wenn ein anderes Bauteil gedruckt werden soll und die bisherigen Modelle nicht mehr verwendet werden können. Dazu muss allerdings erst eine größere Zahl dieser Bauteile gedruckt werden, um eine ausreichende Datenbasis zur Verfügung zu haben.

Es sind jedoch Situationen denkbar, in denen von jetzt auf gleich ein neues Bauteil gedruckt werden soll, welches sich jedoch nur wenig vom bisherigen Teil unterscheidet. In diesem Fall können die bisherigen Black Box Modelle durchaus für eine Prädiktion der Zielgrößen genutzt werden. Es sollte daher je nach Anwendungsfall unterschieden werden, ob für ein anderes Bauteil ein vollständig neues Black Box Modell erstellt wird oder ob die vorhandenen Datensätze anderer Bauteile ebenfalls genutzt werden.

Zur Erstellung der Black Box Modelle wird die Regressionsanalyse durch die Methode kleinster Fehlerquadrate verwendet. Zur Modellierung nichtlinearer Systeme mittels einer Regressionsanalyse sind nichtlineare Terme im Modell notwendig. In der Software wird daher für jede Zielgröße eine Grundformel mit linearen und quadratischen Termen sowie Wechselwirkungen formuliert:

$$z_k = \sum_i x_i + \sum_i \sum_{i \neq j} x_i x_j + \sum_i x_i{}^2 \qquad (69)$$

mit z_k = Zielgrößen; x_i = Stellparameter

Die Regressionsanalyse wird dabei wie auch im beschriebenen Modellierungsexperiment so durchgeführt, dass jegliche Terme ohne Signifikanz schrittweise aus dem Modell entfernt werden. Ein Term wird als signifikant betrachtet, falls der p-Wert des F-Tests kleiner als 0,05 ist.

Grundsätzlich können dabei zwei verschiedene Ansätze verwendet werden. Einerseits ist es beim Übergang zu einer neuen Bauteilgeometrie möglich, alle bisherigen Datensätze zu verwerfen und ab einer ausreichend großen Zahl neuer Daten ein vollständig neues Black Box Modell zu erzeugen. Andererseits können bei solch einem Übergang auch die alten Datensätze beibehalten und lediglich durch die Daten der neuen Geometrie ergänzt werden. Zum Vergleich dieser beiden Ansätze wurden deren Vorhersagefehler für das neu erzeugte Bauteil ebenfalls verglichen.

5.2.2 Validierung des adaptiven Black Box Ansatzes

In Abbildung 5-1 ist dieser Vergleich für die Zielgröße Energieverbrauch dargestellt. Es ist zu erkennen, dass das kontinuierliche Black Box Modell bei einem sehr hohen Fehler von etwa 75 % startet. Dieser sinkt zwar im Anschluss etwas, bleibt jedoch im Mittel in etwa bei 50 %. Die neu erstellte Black Box hingegen (das erste Mal für 10 Teile erstellt) startet mit einem sehr geringen Fehler. Dies mag bei 10 Messdaten noch Zufall sein und der Fehler steigt im Anschluss auch bis auf das Niveau der kontinuierlich adaptiven Black Box, im Anschluss sinkt er allerdings wieder stark und erreicht ein Niveau von unter 10 %.

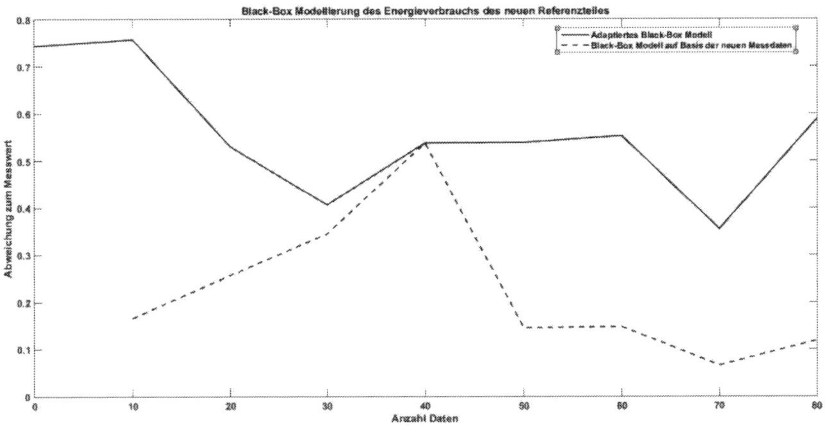

Abbildung 5-1: Vergleich zwischen kontinuierlich adaptivem und neu erstelltem Black Box Modell für die Zielgröße Energieverbrauch

Für die Druckzeit ergibt sich auch hier ein ähnliches Bild (Abbildung 5-2). Die kontinuierlich adaptive Black Box beginnt mit einem sehr hohen Fehler, sinkt dann etwas ab und pendelt sich im Schnitt bei einem Fehler um die 20 % ein. Die neu erstellte Black Box steigt zwischenzeitlich deutlich über den Fehler der kontinuierlich adaptiven Black Box, ab etwa 40 teilen jedoch ist das neu erstellte Modell jedoch besser und erreicht Fehler unter 10 %.

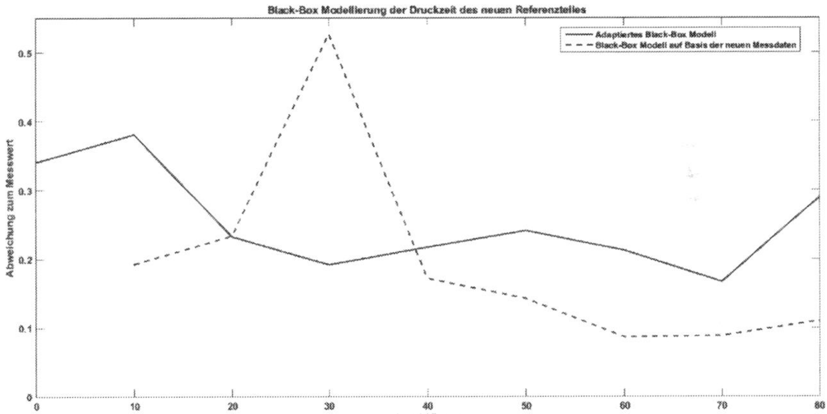

Abbildung 5-2: Vergleich zwischen kontinuierlich adaptivem und neu erstelltem Black Box Modell für die Zielgröße Druckzeit

Für die Rauheit ist dieser Vergleich in Abbildung 5-3 dargestellt. Zu erkennen ist in diesem Fall ein anderes Verhalten. Das kontinuierlich adaptive Black Box Modell erreicht von Beginn an einen Fehler von um die 10 % und variiert anschließend nur schwach. Die neu erstellte Black Box schwankt anfangs sehr stark. Ab etwa vierzig Teilen jedoch erreicht Sie einen ähnlichen

Fehler wie die kontinuierlich adaptive Black Box. Interessant ist ebenfalls, dass sich die beiden Fehler im Anschluss fast identisch verhalten.

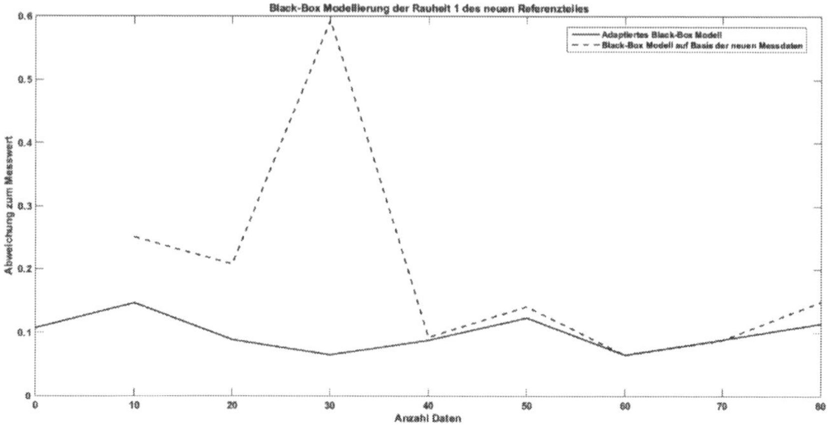

Abbildung 5-3: Vergleich zwischen kontinuierlich adaptivem und neu erstelltem Black Box Modell für die Zielgröße Rauheit

Die Maßhaltigkeit verhält sich wieder etwas anders (Abbildung 5-4). Nachdem die neu erstellte Black Box auch hier bis zu den ersten vierzig Teilen noch relativ stark variiert, erreicht sie anschließend Werte von um die 20 %. Die kontinuierlich adaptive Black Box bewegt sich einem ähnlichen Bereich.

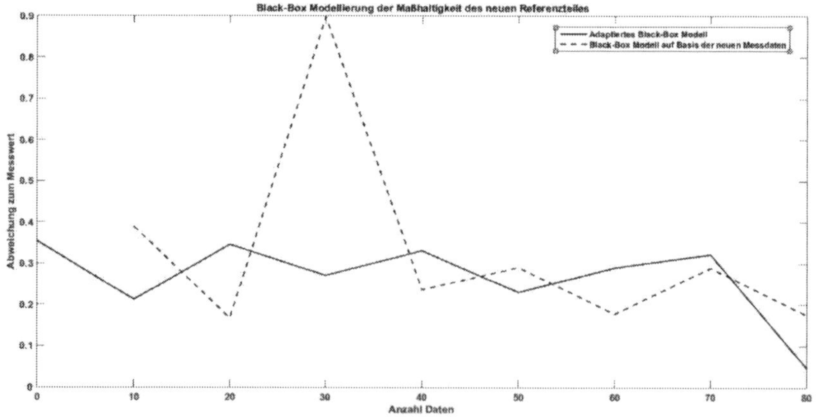

Abbildung 5-4: Vergleich zwischen kontinuierlich adaptivem und neu erstelltem Black Box Modell für die Zielgröße Maßhaltigkeit

Was kann aus dem Experiment abgeleitet werden? Ein kontinuierlicher adaptiver Ansatz ist genau dann sinnvoll, wenn sich die beiden Bauteile für die betrachtete Zielgröße nur in geringem Maße unterscheiden. Dies konnte so zum Beispiel für die Rauheit beobachtet werden, bei der die alten Black Box Modelle auch für das neue Bauteil eine gute Vorhersage realisieren und durch das neu erstellte Black Box Modell nicht übertroffen werden konnten. Unterscheiden sich die beiden Bauteile für die betrachtete Zielgröße jedoch stark, so ist der Ansatz der Neuerstellung der Black Box das Mittel der Wahl, da die adaptiven Black Box Modelle ansonsten stets durch die Messdaten des alten Bauteils verfälscht werden. Da auch dies natürlich nur für den hier betrachteten Anwendungsfall untersucht wurde, ist eine allgemeine Aussage, welche Art der adaptiven Black Box Modellierung besser geeignet ist, nicht möglich. Gerade die Bewertung, ob sich zwei Bauteile hinsichtlich einer Zielgröße stark unterscheiden oder nicht ist sehr gefährlich. Was bedeutet es, dass sich zwei Bauteile hinsichtlich der Zielgröße Maßhaltigkeit ähneln? Wie ähnlich müssen die Maße sein, um eine kontinuierlich adaptive Black Box zu verwenden? Wie unterschiedlich müssen sie sein, um ein neues Modell zu erstellen? Auf diese Fragen kann an dieser Stelle keine wissenschaftlich belastbare Antwort gegeben werden. Vielmehr ist die Schlussfolgerung naheliegend, dass die Entscheidung zwischen den beiden Methoden anwendungsfallspezifisch getroffen werden muss. Die konservative Variante wäre jedoch immer ein neues Modell zu erstellen. Die Black Box braucht dann zwar etwas länger, um gute Vorhersagen treffen zu können, wird so allerdings nicht durch Messwerte anderer Bauteile verfälscht.

5.3 Kombination der Black und White Box Modelle in einem verbesserten Grey Box Ansatz

Das vorliegende Kapitel behandelt die Kombination der vorgestellten Black und White Box Ansätze zu einem Grey Box Modell zur Prädiktion der Zielgrößen bei gegebenen Einstellparametern.

5.3.1 Ansätze zur Grey Box Modellierung

Zur Kombination wurden in Kapitel 2.3.2 drei verschiedene Möglichkeiten vorgestellt:

1. Serieller Grey Box Ansatz: Die Parameter der White Box Modelle werden experimentell bestimmt. Dabei definiert das White Box Modell die Beziehungen zwischen den Einflussgrößen und Modellparametern innerhalb des Prozesses. Die Black Box dient dazu die Werte der Modellparameter mittels der Messdaten zu schätzen. Dieser ist für den betrachteten Anwendungsfall nicht sinnvoll, da die Modellparameter der hier ausgewählten White Box Modelle aus theoretischen Überlegungen, den tatsächlichen physikalischen Zusammenhängen und der Literatur stammen. Weitere Einflüsse von Parametern, die in den Experimenten als signifikant bewertet wurden, werden nicht in White Box Modellen, dafür jedoch in den Black Modellen berücksichtigt.

2. Isolierte Kombination der Modelle zu einer Grey Box: Bei der zweiten Variante werden Black Box und White Box Modelle isoliert als Teilmodelle des Gesamtsystems realisiert. Dies bedeutet, dass für einige Zielgrößen das Black Box Modell und für andere das White Box Modell verwendet wird. Somit würde jede Zielgröße entweder durch eine Black Box oder White Box abgebildet. Da zum einen für alle Zielgrößen sowohl Black Box als auch White

Box Modelle existieren und diese zum anderen unterschiedlich gute Prädiktionen ermöglichen (je nach Gewichtung und Anwendungsfall), wäre es nicht sinnvoll, einige Modelle von vornherein auszuschließen. Der Mehrwert des angestrebten Ansatzes liegt ja gerade in der situationsabhängigen Kombination der Modelltypen. Insbesondere für den Fall des Drucks eines neuen Bauteils muss zu Beginn auf das White Box Modell zurückgegriffen werden, bis genügend Daten für die Erzeugung einer neuen Black Box generiert wurden.

3. Paralleler Grey Box Ansatz: Bei der dritten Variante werden die Ergebnisse der Black Box und White Box Modelle mathematisch kombiniert. Zu beachten ist, dass das Black Box Modell in diesem Fall keine Abbildung des eigentlichen Systems darstellt, sondern eine Modellierung des Fehlers der White Box. Dieser Ansatz ist besonders dann geeignet, wenn unbekannte Einflüsse im betrachteten System vorhanden sind, die jedoch nicht durch die White Box Modelle abgebildet werden. Das ist hier der Fall.[187]

Im Rahmen dieser Arbeit wird eine Kombination aus den Möglichkeiten 2. und 3. verwendet. Das heißt die Black Box Modelle werden aus den experimentellen Daten generiert und bilden nicht lediglich den Fehler der White Box Modelle ab. Ein weiterer Grund ist neben dem höheren Erstellungsaufwand von Black Box Modellen auf Basis der White Box Fehler die teilweise große Diskrepanz zwischen den Prädiktionen der White Box und Black Box Modelle, die in den durchgeführten Experimenten festgestellt wurden. Gerade bei den White Box Modellen für die Oberflächenrauheit und die Maßhaltigkeit sind nur wenige Parameter berücksichtigt, während die entsprechenden Black Box Modelle wesentlich mehr Einstellparameter beinhalten. Die nichtlinearen Zusammenhänge des Prozesses können daher von den White Box Modellen nicht vollständig abgebildet werden. Sollen die Black Box Modelle als Ergänzung dieser unvollständigen White Box Modelle funktionieren, müssen diese auch mindestens quadratische Terme beinhalten. Dies bedeutet, dass der Messdatensatz genügend Informationen über den nichtlinearen Verlauf des Prozesses liefern muss.

Der hier vorgeschlagene Ansatz basiert auf der Annahme, dass die Black Box Modelle prinzipiell bessere Prädiktionen der Zielgrößen ermöglichen, als dies bei den White Box Modellen der Fall ist, wie bereits bestätigt werden konnte. Für die Implementierung wird weiterhin das Ziel abgeleitet, einen intelligenten Schalter zu definieren, welcher auf Basis der vorliegenden Situation entscheidet, ob jeweils das White- oder Black Box Modell für die einzelnen Zielgrößen verwendet werden sollte.

Dazu ist die Ableitung geeigneter Bedingungen notwendig. Die Vorhersagegenauigkeit und -verlässlichkeit der Black-Box Modelle ist vor allem abhängig von den zur Verfügung stehenden

---

[187] vgl. {Neumann 2011 #194S: 35–38}

Daten. Es sind daher Kriterien notwendig, die es erlauben die vorhandenen Daten zu überprüfen mit dem Ziel, daraus eine Aussage über die zu erwartende Prädiktionsfähigkeit abzuleiten. Prädiktionsfähigkeit bedeutet in diesem Kontext jedoch lediglich eine Aussage treffen zu können, ob das betrachtete Black Box Modell verwendet werden soll oder nicht, ohne konkret bestimmen zu können, wie gut die Prädiktionsfähigkeit sein wird.

5.3.2 Anforderungen an den Messdatensatz

Mit Hilfe der aus der Literatur vorhandenen Informationen werden folgende Bedingungen formuliert, die der Messdatensatz erfüllen sollte, damit eine Anwendung der Black-Box Modelle präferiert wird:

Menge an Datenpunkten

Die Anzahl an vorhandenen Datenpunkten ist ein essentieller Faktor für die Generierung der Black Box Modelle. Eine feste allgemeine Regel für eine Mindestzahl an Datenpunkten existiert nicht, da die benötigte Datenmenge meist von dem zu modellierenden System abhängig ist. So lassen sich lineare Systeme mit weniger Datenpunkten realisieren, als nichtlineare Systeme. Es existieren jedoch pragmatische Ansätze zur Bestimmung der benötigten Datenpunkte. Aus empirischen Untersuchungen wurde ermittelt, dass ein Regressionsmodell als reliabel angenommen werden kann, wenn die Anzahl der Datenpunkte n größer ist, als die zehn- bis zwanzigfache Menge der zu betrachtenden Freiheitsgrade p ($n > 10*p$ bzw. $n > 20*p$). Bei einem Wert von beispielsweise $n > 15*p$ wurden empirisch Vorhersagefehler von unter 10% erreicht. Da die White Box Modelle teilweise größere Fehler produzieren, wird im Folgenden angenommen, dass es schon ab einer Datenpunktmenge von $n > 10*p$ lohnend sein kann, ebenfalls ein Black Box Modell zu generieren. Bei sieben betrachteten Parametern beträgt die Zahl der mindestens erforderlichen Datenpunkte $n_{min} = 10*p = 70$.[188]

Bandbreite der Daten

Zur Beurteilung des zur Verfügung stehenden Datensatz wird neben der Anzahl von Datenpunkten ein weiteres Kriterium eingeführt. Dieses bezieht sich auf die Verteilung der Datenpunkte innerhalb des Wertebereichs. Für die Modellierung eines linearen Zusammenhangs sind so zum Beispiel bereits einige wenige Punkte in den Randbereichen ausreichend. Für die Modellierung nichtlinearer Zusammenhänge hingegen sind Datenpunkte in den Zwischenbereichen erforderlich, um das Verhalten entsprechend abbilden zu können. Weiterhin ist die Verteilung entscheidend. Befinden sich die Punkte beispielsweise alle in einem relativ kleinen Bereich, so wären sie deutlich schlechter für die Modellbildung geeignet als Daten, die gleichmäßig über den Wertebereich verteil sind. Eine allgemeine Aussage zu treffen, in welchen Bereichen des gesamten Wertebereichs Daten vorhanden sein sollten gestaltet sich schwierig, da dies grundsätzlich vom vorliegenden Verhalten abhängig ist. Es lassen sich jedoch Ansätze aus der statistischen Versuchsplanung übernehmen. So werden dort neben den minimalen

---

[188] vgl. **Harrell, F.** (Regression Modeling Strategies), 2001, S. 72ff

und maximalen Parameterwerten sogenannte Zentral- und Sternpunkte verwendet (vgl. Abbildung 4-5). Zentralpunkte sind Datenpunkte in der Mitte zwischen minimalem und maximalem Wert des Parameters. Sternpunkte befinden sich hingegen außerhalb des betrachteten Wertebereichs. Da in der Praxis nicht erwartet werden kann, exakt Daten für die Werte der Zentral- und Sternpunkte zu erhalten (die Werte werden vom Optimierer vorgeschlagen und folgen keinem Versuchsplan), wird dieser Ansatz an den vorliegenden Anwendungsfall angepasst, so dass sich zwei abgeschwächte Forderungen an den Messdatensatz ergeben:

1. Es müssen Daten in einem Bereich um den Zentralpunkt vorhanden sein.
2. Es müssen Daten in den Bereichen um die Sternpunkte vorhanden sein.

Zu definieren ist noch, wie groß der Bereich gefasst wird, in dem die Daten um Zentral- und Sternpunkte vorhanden sein müssen. Da dazu keine Empfehlung aus der Literatur abgeleitet werden konnte, wird der Bereich empirisch ermittelt. Dazu wird zunächst ein Bereich von +/- 20 % um die Punkte angenommen und bei der späteren Validierung der Vorgehensweise untersucht.

Für jeden Stellparameter ergeben sich die Anforderungen, dass in diesen drei Bereichen Datenpunkte vorhanden sein müssen.

Abbildung 5-5 verdeutlicht die beschriebenen Forderungen. Dargestellt ist das Verhalten einer Zielgröße z in Abhängigkeit von zwei Stellgrößen x_1 und x_2. In grün markiert ist der Bereich von +/- 20% um den Zentralpunkt, in Rot die Bereiche um die Sternpunkte.

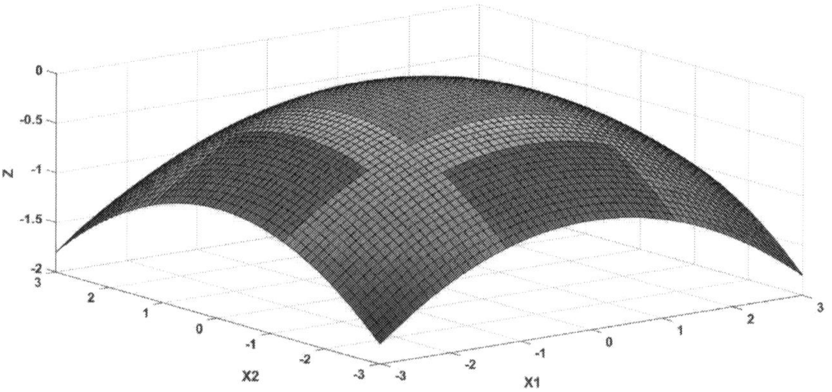

Abbildung 5-5: Bereich von +/- 20% um die Zentral- und Sternpunkte

Keine Extrapolation

Wie bereits in Kapitel 4.3.3 erwähnt, sind Black Box Modelle nur bedingt geeignet zur Extrapolation. Das Verhalten außerhalb des definierten Wertebereichs kann nicht zuverlässig vorhergesagt werden[189]. Eine weitere Anforderung an den Datensatz ist daher, dass die Werte der Einstellparameter im verlässlichen Bereich des Black Box Modells liegen.[190]

5.4 Konzept des Grey Box Ansatzes für die Zielgrößenprädiktion

Nachdem in Kapitel 5.1 geeignete White Box Ansätze ausgewählt, in Kapitel 5.2 ein Konzept für adaptive Black Box Modelle vorgestellt, in Kapitel 5.3.1 der Ansatz zur Kombination der Modelle entwickelt und in Kapitel 5.3.2 geeignete Randbedingungen für die Messdaten definiert wurden, kann nun das Gesamtkonzept zur Entwicklung eines Grey Box Ansatzes definiert werden. Der Ansatz sieht so aus, dass für die Prädiktion eines Druckergebnisses für jede Zielgröße situationsabhängig entschieden wird, ob entweder das Black oder das White Box Modell verwendet werden soll. Obwohl nur in sehr seltenen Situationen Gewissheit darüber herrschen kann, welches der Modelle tatsächlich die besseren Ergebnisse liefern wird, so kann doch unter Berücksichtigung der bereits genannten Kriterien bestimmt werden, welches mit einer größeren Wahrscheinlichkeit besser und das Modell der Wahl ist. Dieser Entscheidung liegt die zentrale Annahme dieser Arbeit zugrunde die besagt, dass Black Box Modelle prinzipiell bessere Ergebnisse in der Prädiktion und auch bei der Parameteroptimierung liefern als White Box Modelle, unter der Voraussetzung, dass die Messdaten bestimmte Gütekriterien erfüllen, die in dieser praktischen Umsetzung definiert wurden als die Menge an Datenpunkten, die Bandbreite der Daten sowie die Beschränkung auf einen bestimmten Parameterbereich (Kapitel 5.3.2). Die Umsetzung des Grey Box Ansatzes besteht aus der Überprüfung dieser drei Gütekriterien und der entsprechenden Entscheidung für eines der Modelle, für jede Zielgröße einzeln.

---

[189] vgl. **Neumann, C.; Jacob, D.; Burhenn, S.; Florita, A.; Burger, E.; Schmidt, F.** (Modellbasierte Methoden für die Fehlererkennung und Optimierung), 2011, S. 28

[190] vgl. **Grüne, L.; Pannek, J.** (Nonlinear model predictive control), 2011, S. 16ff

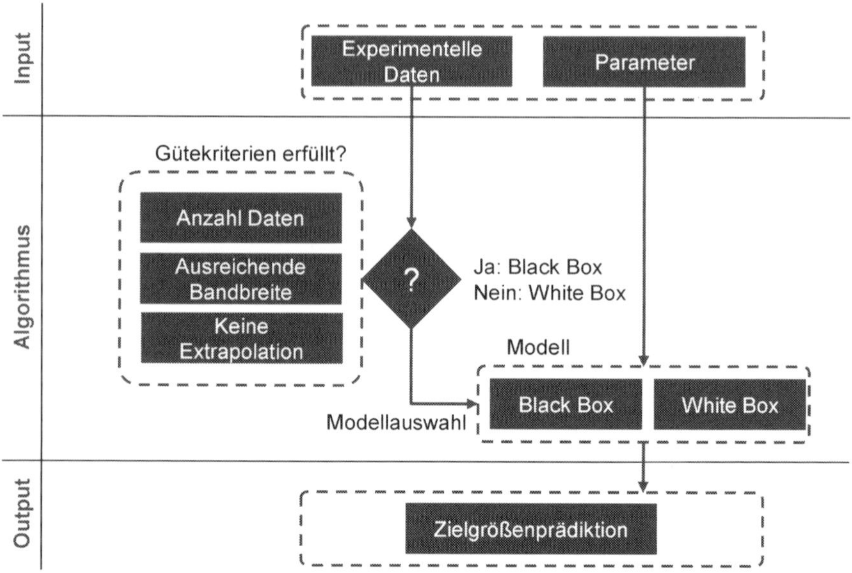

Abbildung 5-6: Konzept des Grey Box Entscheidungsalgorithmus für Black oder White Box Modelle

5.5 Nutzung des Grey Box Konzeptes zur Lösung des inversen Problems der Parameteroptimierung

Der beschriebene Ansatz einer situationsabhängigen Entscheidung zwischen Black und White Box Modell gilt insbesondere für den Fall der Zielgrößenprädiktion bei gegebenen Input-Parametern. Im Falle der Parameteroptimierung für definierte Zielgrößen (inverses Problem) wird dieses Konzept angepasst. Insbesondere da nicht alle Modelle auch alle Parameter einbeziehen, wird je nach Zielgröße auf beide Modelle zurückgegriffen.

5.5.1 Zielgrößendefinition für die Parameteroptimierung

Zunächst ist jedoch zu erläutern, wie die Zielgrößendefinition funktioniert, einfach ausgedrückt: Was ist das Ziel (das Optimum) eines Druckprozesses hinsichtlich der definierten Zielgrößen? Für die Größe Druckzeit wird definiert, dass diese stets zu minimieren ist. Werden keine weiteren Ziele berücksichtigt, so ist die benötigte Prozesszeit, als Ressource möglichst klein zu halten. Gleiches gilt für den Energieverbrauch. Energie ist wie die Zeit eine begrenzte Ressource und soll ebenfalls möglichst minimiert werden. Bei der Maßhaltigkeit ist die Situation anders. Ziel ist hier stets die Realisierung eines bestimmten Soll-Werts. Gewünscht ist eine hohe Maßhaltigkeit. Definiert man jedoch als Zielgröße die Abweichung des erzeugten Maßes vom Soll-Wert, so lässt sich auch hier das Ziel formulieren, diese Abweichung zu minimieren. Bei der Oberflächenrauheit kann argumentiert werden, dass auch diese möglichst gering sein soll. Jedoch sind auch Situationen denkbar, in denen eine bestimmte Rauheit realisiert werden soll. Daher wird bei der Definition der Zielgröße unterschieden zwischen einer Minimierung dieser Rauheit und der Minimierung des Fehlers zwischen Soll- und Ist-Wert. In jedem Fall jedoch lässt sich das Ziel für alle vier Zielgrößen stets auf ein Minimierungsproblem zurückführen. Problematisch hierbei ist jedoch, dass es sich bei den Zielen teilweise um gegenläufige Ziele handelt. Unter Berücksichtigung der Modelle sowie durch einfache Überlegungen kann leicht nachvollzogen werden, dass beispielsweise für die Realisierung einer geringen Druckzeit hohe Geschwindigkeiten und hohe Schichtdicken von Vorteil sind, wohingegen genau diese Eigenschaften für die Ziele Maßhaltigkeit sowie Oberflächenrauheit eher abträglich sind. Bei der Parameteroptimierung hinsichtlich dieser Zielgrößen wird daher stets ein Kompromiss das Ergebnis sein. Da unter bestimmten Voraussetzungen die eine oder andere Zielgröße von größerem Interesse für die Parameteroptimierung sein kann, wird das Problem zusätzlich dahingehend erweitert, dass diese mit Gewichten versehen werden. Ein Anwender kann neben Zielwerten für alle Größen auch eine Wichtigkeit der Realisierung dieser Ziele definieren. Zur Berechnung des Ergebnisses der Optimierung wird eine Zielfunktion definiert, die alle vier Zielgrößen berücksichtigt. Die Herleitung dieser Funktion erfolgt in drei Schritten:

1. Grundsätzliches Ziel der Optimierung ist die Minimierung der definierten Zielgrößen:
   - Energieverbrauch $E_{el} \rightarrow min$
   - Maßhaltigkeit $(L_{res} - L_{soll}) \rightarrow$ min
   - Oberflächenrauheit $R_a \rightarrow$ min
   - Druckzeit $t_{pr} \rightarrow$ min

2. Um den Erfolg der Optimierung messen zu können wird für jede Zielgröße die Abweichung vom Sollwert betrachtet:
   - Energieverbrauch $(E_{el} - 0) \rightarrow$ min
   - Maßhaltigkeit $(L_{res} - L_{soll}) \rightarrow$ min
   - Oberflächenrauheit $(R_a - R_{a,soll}) \rightarrow$ min
   - Druckzeit $(t_{pr} - 0) \rightarrow$ min

Die Abweichungen der Zielgrößen vom Sollwert bewegen sich in verschiedenen Skalenbereichen. So wird die Druckzeit in Sekunden gemessen, die Abweichung eines Maßes in Millimetern, die Oberflächenrauheit in Mikrometern und der Energieverbrauch in kWh. Um diese Abweichungen vergleichbar zu machen, müsste eigentlich eine gemeinsame Einheit zur Bewertung definiert werden. So ließen sich beispielsweise die Energiekosten (in €) oder auch die Kosten für die Druckzeit (Maschinenbelegungskosten + Personalkosten in €) berechnen. Auch für die Abweichungen der Maße von Soll-Werten und höheren Rauheitswerten ließen sich möglicherweise Kosten berechnen. Diese sind jedoch sehr stark anwendungsfallabhängig und können nicht allgemeingültig angegeben werden. Daher wird für die Berechnung einer Verlustfunktion für jede Zielgröße ein zusätzlicher Faktor definiert, der eine Bewertung der Abweichung im Sinne von Kosten ermöglicht (Einheit: [€ / Grad der Abweichung]). Da diese Faktoren jedoch je nach Anwendungsfall unterschiedlich bewertet werden können, werden sie im Rahmen dieser Arbeit für alle Zielgrößen auf den konstanten Faktor 1 gesetzt.

3. Dadurch ergibt sich für die Zielgrößen folgende Funktion:

$$\left[K = \sum_i w_i k_i * (z_i(x_k) - z_{soll})\right] \rightarrow min \qquad (70)$$

$$s.d.\, l_k \leq x_k \leq u_k$$

mit Gesamtkosten *K*, Gewicht w_i, Kostenfaktor k_i, Wert der Zielgröße $z_i(x_k)$, Sollwert der Zielgröße z_{soll} sowie der unteren l_k (lower) und oberen u_k (upper) Grenze des Parameters x_k.

Auf Basis des in Kapitel 5.4 für die Zielgrößenprädiktion vorgestellten Grey Box Entscheidungsmodells wird nun ein Konzept für die Parameteroptimierung entwickelt, welches die Vor- und Nachteile der verschiedenen Modellansätze berücksichtigt (Abbildung 5-7 verdeutlicht dies). So werden im Rahmen der Optimierung zunächst die White Box Modelle genutzt. Dadurch wird sichergestellt, dass im gesamten Parameterraum nach einer optimalen Lösung gesucht wird und nicht nur in dem Bereich, für den experimentelle Daten existieren. Anschließend wird mit Hilfe der definierten Gütekriterien überprüft, ob zusätzlich das Black Box Modell zur Optimierung verwendet werden kann. Sind die Kriterien nicht erfüllt, so werden die White Box Parameter als Ergebnis der Optimierung verwendet. Sind die Kriterien jedoch erfüllt, so werden diese lediglich als Startwerte für eine weitere Optimierung verwendet. Für die Parameter, die im White Box Modell nicht berücksichtigt werden, wird ausschließlich das Black Box Modell verwendet. Für die anderen Parameter wird im Bereich des Ergebnisses der White Box mit Hilfe der Black Box nach einem lokalen Minimum gesucht. Wichtig zu verstehen ist, dass diese Entscheidungen für jede Zielgröße und die entsprechenden Modelle einzeln getroffen werden. So kann es sein, dass für eine Zielgröße lediglich das White Box Modell und für alle anderen, zusätzlich die Black Box Modelle verwendet werden. Weiterhin muss diese Entscheidung nach jedem Druck eines Bauteils und dadurch Veränderung des Datensatzes neu getroffen werden.

Bei der betrachteten Optimierungsaufgabe handelt es sich um ein restringiertes Problem. Das heißt, dass für die Parameter obere und untere Grenzen existieren (u_k und l_k, siehe Gleichung (70)). So sind beispielsweise Düsentemperaturen unterhalb des Schmelzpunktes des verwendeten Materials nicht sinnvoll oder Druckgeschwindigkeiten dürfen die maximal erreichbare und durch die Motorendrehzahl begrenzte Geschwindigkeit nicht überschreiten. Es ist möglich, dass die mathematisch optimale Lösung außerhalb des zulässigen Wertebereichs der Parameter liegt und daher nicht verwendet werden kann. Diese Ober- und Untergrenzen können jedoch angepasst werden, falls dies notwendig ist (zum Beispiel bei der Verwendung eines anderen Materials).

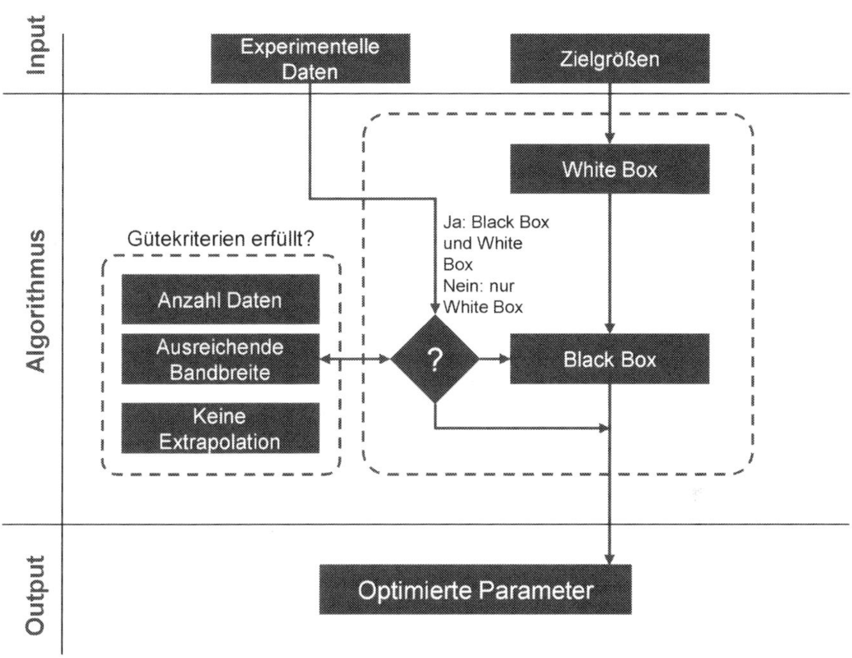

Abbildung 5-7: Grey Box Konzept für die Parameteroptimierung

5.5.2 Algorithmus für die Zielgrößenoptimierung

Bisher wurde lediglich beschrieben, dass der Algorithmus zur Optimierung die Black und White Box Modelle nutzt, nicht jedoch, wie genau das funktioniert. Der verwendete Algorithmus ist das sogenannte Innere-Punkt-Verfahren. Dabei handelt es sich um ein iteratives Gradientenbasiertes Verfahren (vgl. Kapitel 2.1.2). Es startet bei einem gegebenen Punkt (Parameterwert) und berechnet schrittweise weitere Werte, welche den Zielfunktionswert verbessern. Dieser Algorithmus ermöglicht ebenfalls die Berücksichtigung der beschriebenen Randbedingungen die Parameter betreffend. Sind die definierten Werte für die Zielgrößen hinreichend gut erreicht, so bricht der Algorithmus ab. Ebenfalls in dem Fall, dass diese hinreichend kleine Schranke nicht erreicht wird, bricht der Algorithmus nach einer endlichen Zeit ab und verwendet das bis dahin beste gefundene Ergebnis für die Parametereinstellungen. Es sei darauf hingewiesen, dass solche Gradienten-basierten Algorithmen nicht zwingend ein globales, sondern stattdessen auch nur lokale Minima finden können. Um dieser Einschränkung entgegenzuwirken werden bei dem verwendeten Verfahren mehrere Startpunkte ausgewählt, von denen aus die lokalen Algorithmen starten. Anschließend werden die einzelnen gefundenen Parameterwerte und die entsprechenden Zielgrößenausprägungen miteinander verglichen. Für die Optimierung der White-Box Modelle werden jeweils ein Punkt in der Maximal-, Minimalausprägung der Parameter sowie ein Punkt mit zentralen Werten als Startpunkt gewählt. Das beste Ergebnis der White Box dient wiederum als Startwert für die Black Box Optimierung.

5.6 Implementierung der ausgewählten Modelle sowie des Optimierungsalgorithmus in einem Human Machine Interface (HMI)

Für die in Kapitel 4 vorgestellten Modelle wurde gezeigt, dass diese prinzipiell zur Prädiktion des Systemverhaltens verwendet werden können, sich jedoch nicht ohne weiteres auf andere Anwendungsfälle übertragen lassen und daher für die Realisierung der Grey Box die Möglichkeit geschaffen werden muss, auf Basis von veränderten Datensätzen neue Black Box Modelle abzuleiten. In Kapitel 5.2.1 wurde daher eine Vorgehensweise für adaptive Black Modelle vorgestellt. In den Kapiteln 5.3, 5.4 und 5.5 wurden zudem die Ansätze zur Kombination von Black und White Box Modellen zu einem Grey Box Ansatz sowohl für die Zielgrößenprädiktion als auch für die Parameteroptimierung entwickelt und vorgestellt.

Das Ziel einer Parametervorgabe (*Teilforschungsfrage IV)* impliziert für die Praxis eine geeignete Schnittstelle zur Interaktion mit einem Maschinenbediener. In einem nächsten Schritt werden folglich die Modelle, Entscheidungs- und Optimierungsalgorithmen in der Simulationsumgebung *Matlab* implementiert und darüber hinaus wird ein sogenanntes Graphical User Interface (GUI) realisiert, welches eine einfache Verwendung der Software ermöglicht. Über diese Mensch-Maschine-Schnittstelle (HMI) können zudem druckerspezifische Eigenschaften oder Materialkennwerte verwaltet und geändert sowie neue Messdatensätze zur adaptiven Entwicklung der Black Box Modelle hinzugefügt werden. Im Folgenden werden die wichtigsten Bestandteile des Interfaces einzeln vorgestellt.

5.6.1 Human Machine Interface

Beim Öffnen der Software erscheint zunächst das Hauptfenster (vgl. Abbildung 5-8). Dieses lässt sich in drei Bereiche unterteilen: Bereich zur Spezifikation des zu druckenden Bauteils (1), Bereich für die Prädiktion der Zielgrößen auf Basis der Inputparameter (2), Bereich für die Parameteroptimierung auf Basis definierter Zielgrößen (3).

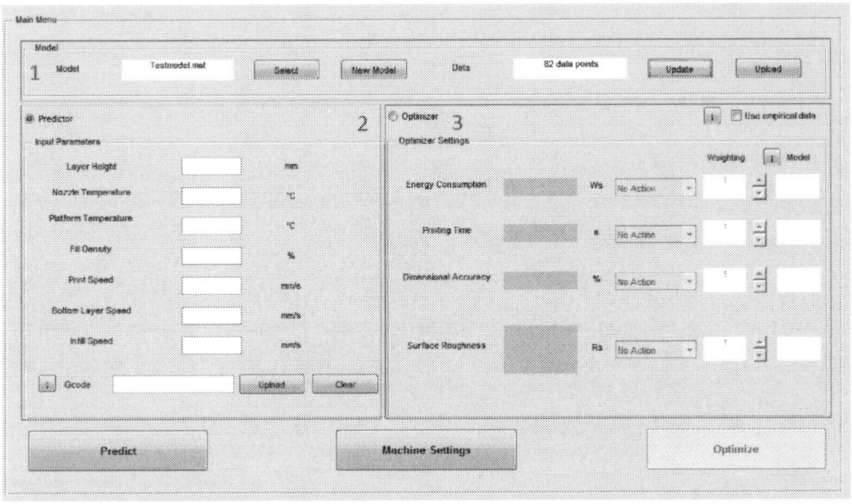

Abbildung 5-8: Hauptfenster des HMI

Im Bereich (1) kann das zu druckende Bauteil spezifiziert werden. Dazu wird zunächst über den Button „New Model“ das entsprechende Fenster „New Model“ geöffnet (Abbildung 5-9).

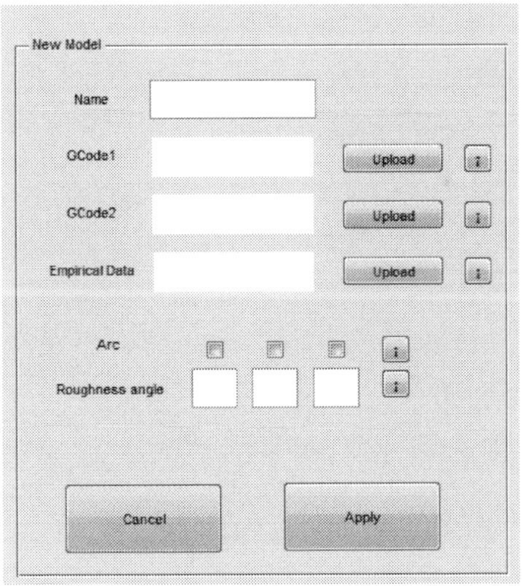

Abbildung 5-9: Das „New Model" Fenster zur Erstellung neuer Bauteile

In dem Feld „Name“ lässt sich ein Name für das neue Modell anlegen. Anschließend gibt es zwei Felder „Gcode1“ und „Gcode2“, in die über die entsprechenden „Upload“ Buttons zwei

Gcodes hochgeladen werden können. Diese beiden Gcodes müssen vorher mit der Drucksoftware (zum Beispiel Cura) erstellt werden, jeweils für die minimalen und maximalen Parametereinstellungen. Daraus werden verschiedene Informationen wie die (minimale und maximale) Strecke des Druckkopfes abgeleitet und für andere Parametereinstellungen durch Interpolation angenähert. Das ist notwendig, da die Modelle für Druckzeit und den Energieverbrauch von der zurückzulegenden Strecke abhängen, die wiederum bauteilabhängig ist. Weiterhin können über das Feld „Empirical Data“ Datensätze eingegeben werden für den Fall, dass das Bauteil bereits früher einmal gedruckt wurde und daher bereits Datensätze existieren, die für die Black Box Erstellung genutzt werden können. Da die Modelle für Rauheit teilweise stark von dem zu messenden Winkel anhängig sind, werden ebenfalls die Winkelinformationen benötigt, für die Flächen, für die die Rauheit berechnet werden soll. Es können dazu bis zu drei Oberflächenwinkel angegeben werden. Die Winkel sind gemessen von der Horizontalen in Baurichtung anzugeben und können bis zu 90° betragen. Wird das Kontrollkästchen „Arc“ aktiviert ist es auch möglich einen Winkelbogen mit einem Minimal- und einem Maximalwinkel anzugeben. In diesem Fall wird die durchschnittliche Rauheit des Bogens berechnet. Wurden alle notwendigen Informationen angegeben, kann über den Button „Apply“ eine Datei erzeugt und gespeichert werden, in der alles hinterlegt wird. Das Fenster „New Model“ schließt dann automatisch. Im Hauptfenster können über den Button „Select" derart erzeugte und gespeicherte Bauteilspezifikationen über den entsprechenden Namen wieder geladen werden.

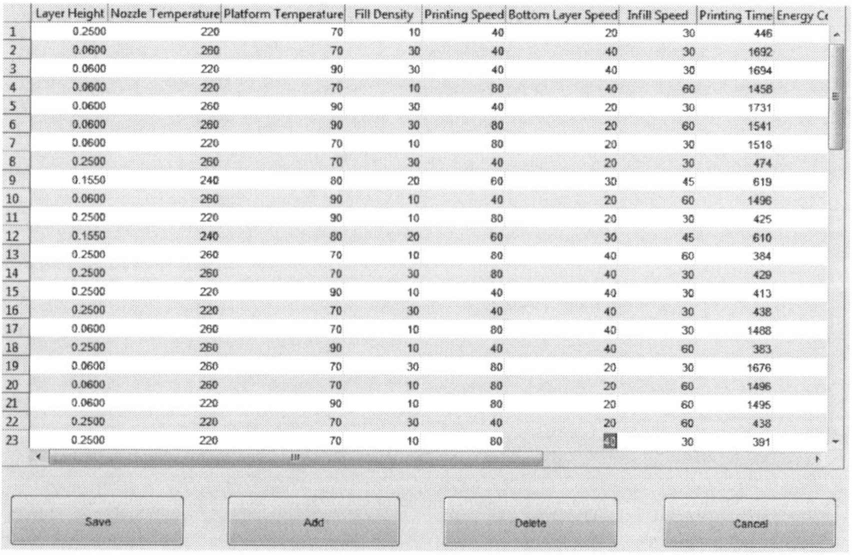

	Layer Height	Nozzle Temperature	Platform Temperature	Fill Density	Printing Speed	Bottom Layer Speed	Infill Speed	Printing Time	Energy C
1	0.2500	220	70	10	40	20	30	446	
2	0.0600	260	70	30	40	40	30	1692	
3	0.0600	220	90	30	40	40	30	1694	
4	0.0600	220	70	10	80	40	60	1458	
5	0.0600	260	90	30	40	20	30	1731	
6	0.0600	260	90	30	80	20	60	1541	
7	0.0600	220	70	10	80	20	30	1518	
8	0.2500	260	70	30	40	20	30	474	
9	0.1550	240	80	20	60	30	45	619	
10	0.0600	260	90	10	40	20	60	1496	
11	0.2500	220	90	10	80	20	30	425	
12	0.1550	240	80	20	60	30	45	610	
13	0.2500	260	70	10	80	40	60	384	
14	0.2500	260	70	30	80	40	30	429	
15	0.2500	220	90	10	40	40	30	413	
16	0.2500	220	70	30	40	40	30	438	
17	0.0600	260	70	10	80	40	30	1488	
18	0.2500	260	90	10	40	40	60	383	
19	0.0600	260	70	30	80	20	30	1676	
20	0.0600	260	70	10	80	20	60	1496	
21	0.0600	220	90	10	80	20	60	1495	
22	0.2500	220	70	30	40	20	60	438	
23	0.2500	220	70	10	80	[illegible]	30	391	

Abbildung 5-10: Datenfenster zur Modifikation der Messdaten

Im Feld „Data“ werden in so einem Fall die Anzahl vorhandener Messdatenpunkte visualisiert und über den Button „Update“ können von Hand weitere Druckergebnisse hinzugefügt oder auch, falls notwendig, alte Messwerte modifiziert oder gelöscht werden (Abbildung 5-10). Bei

Klick auf den Button „Save" werden automatisch neue Black Box Modelle auf Basis der vorhandenen Messdaten erzeugt und abgespeichert. Das Datenfenster schließt automatisch.

Der Bereich 2 im Hauptfenster ist für die Zielgrößenprädiktion verantwortlich. Dazu sind dort sieben Felder für die Eingabe der Parameterwerte vorgesehen (Schichtdicke, Düsentemperatur, Plattformtemperatur, Fülldichte, Druckgeschwindigkeit, Druckgeschwindigkeit der untersten Schicht und Druckgeschwindigkeit bei der Füllung). Ein Benutzer kann anschließend durch den Button „Predict" die hinterlegten Modelle nutzen, um eine Vorhersage der Druckergebnisse für die vier Zielgrößen Druckzeit, Energieverbrauch, Maßhaltigkeit und Oberflächenrauheit zu erzeugen. In das Feld Gcode muss über den Button Upload auch der für diese Parameterwerte entsprechende Gcode hochgeladen werden, falls die White Box Modelle benutzt werden sollen. Entsprechend dem erläuterten Vorgehensmodell in Kapitel 5.4 (vgl. Abbildung 5-6) werden die Black und White Box Modelle zur Zielgrößenprädiktion genutzt und die berechneten Ergebnisse in den Feldern des Bereichs 3 ausgegeben.

Umgekehrt können diese Felder zur Parameteroptimierung genutzt werden. Dazu ist ein Umschalten von „Predictor" auf „Optimizer" notwendig. Sobald dies geschehen ist, können in die Felder der Zielgrößen im Bereich 3 Werte eingegeben, bzw. ausgewählt werden, ob diese minimiert, maximiert oder ein bestimmter Zielwert erreichet werden soll. Ebenfalls ist es möglich einzelne Zielgrößen aus der Optimierung auszuschließen, indem über das drop-down Menü „No action" gewählt wird. Weiterhin kann für jede Zielgröße das entsprechende Gewicht (1-5) ausgewählt werden. In den Feldern neben jeder Zielgröße mit der Bezeichnung Model erhält der Benutzer Informationen darüber, welche Modelltypen für die Optimierung verwendet werden (White und/oder Black Box) je nachdem, ob für die Black Box Modelle die entsprechenden Bedingungen erfüllt sind.

Im für die Optimierung vorgesehenen Bereich 3 gibt es weiterhin ein Kästchen „Use empirical data". Über diese Einstellung lassen sich die Black Box Modelle aus der Optimierung ausschließen für den Fall, dass der Benutzer Fehler in den Messdaten vermutet und daher nur die White Box Modelle verwenden möchte.

Zwischen den „Predict" und „Optimize" Buttons gibt es zudem den Button „Machine Settings". Bei Klick öffnet sich ein neues Fenster, das die Bearbeitung weiterer Einstellungen erlaubt (Abbildung 5-11). Das ausdrückliche Ziel des entwickelten Ansatzes ist die Gewährleistung einer Übertragbarkeit auf weitere Anwendungsfälle. So wurde in Kapitel 5.2 bereits die Übertragbarkeit der entwickelten Modelle auf unterschiedliche Bauteilgeometrien untersucht. Weitere unterschiedliche Anwendungsfälle sind andere auf dem FDM Verfahren basierende 3D-Drucker oder verwendete Materialien. So können bei unterschiedlichen Druckertypen Elemente wie die beheizte Düse und Plattform, die Ventilatoren zur Kühlung, der Extruder, die Schrittmotoren zur Realisierung der Druckkopfbewegung etc. unterschiedlichste Eigenschaften haben. In Verbindung mit variierenden Materialeigenschaften ergeben sich multiple Anwendungsfälle, für die im Rahmen dieser Arbeit nicht überprüft werden kann, ob die erstellten Modelle übertragbar sind bzw. wie schnell sich beispielsweise die Black Box Modelle an die veränderten Bedingungen anpassen. Nichtsdestotrotz sind durch das „Settings" Fenster die notwendigen Rahmenbedingungen gegeben, all diese unterschiedlichen Eigenschaften von Drucker und Material zu variieren.

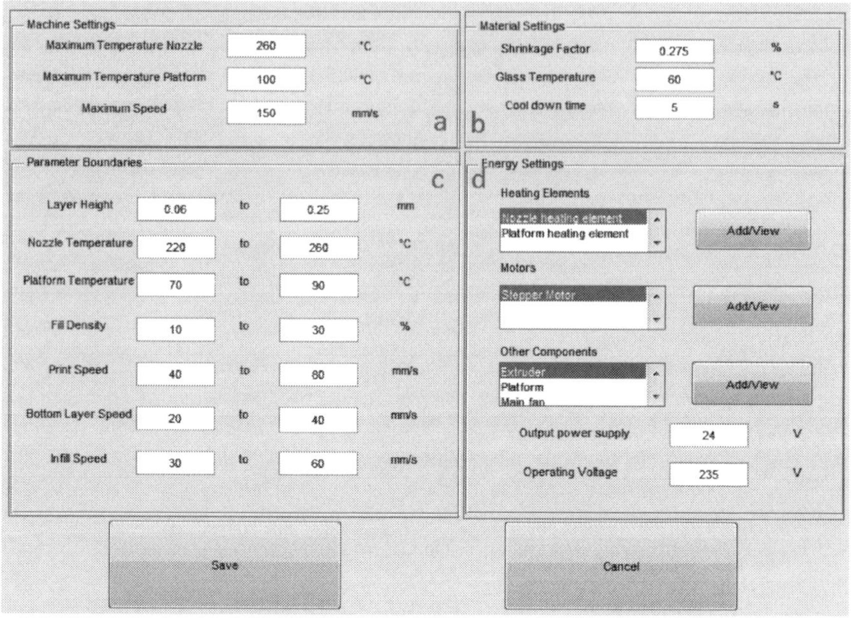

Abbildung 5-11: "Machine Settings" Fenster des Human Machine Interfaces

So können im Bereich a) (Machine Settings) des Fensters die maximal möglichen Düsen- und Plattformtemperaturen sowie die maximale Druckgeschwindigkeit (Verfahrgeschwindigkeit des Druckkopfes) hinterlegt werden, die eine weitere Randbedingung für die Optimierung der Parametereinstellungen darstellen.

Im Bereich b) (Material Settings) lassen sich materialabhängige Eigenschaften einstellen. So sind dies der Schrumpffaktor des Materials, der aus empirischen Daten erhoben und angepasst werden kann und die Glasübergangstemperatur, welche diejenige Temperatur definiert, bei der ein Glas oder Polymer in einen gummiartigen bis zähflüssigen Zustand übergeht. Diese beiden Faktoren werden insbesondere für die Berechnung der Maßhaltigkeit benötigt. Weiterhin ist dies die Abkühlzeit, welche definiert, wie lange zwischen zwei Schichten mindestens durch den Drucker abgewartet wird. Dabei handelt es sich zwar nicht um eine direkte Materialeigenschaft, der Parameter ist jedoch stark vom verwendeten Material abhängig, weshalb er an dieser Stelle aufgeführt wird.

In Bereich c) (Parameter Boundaries) ist die Möglichkeit gegeben, für die sieben Stellgrößen Minimal- und Maximalwerte zu definieren. Diese definieren auf der einen Seite den Bereich, für den eine Prädiktion durchgeführt werden kann, auf der anderen Seite gibt diese Beschränkung eine erneute Randbedingung für die Optimierung vor, indem nur innerhalb dieser Bereiche eine Lösung gefunden werden darf. Zum einen können dadurch die zulässigen Bereiche des spezifischen 3D-Druckers definiert und zum anderen auch durch den Benutzer gewünschte Einschränkungen festgelegt werden. Wenn zum Beispiel aus Experimenten hervorgeht, dass bestimmte Temperaturbereiche in den meisten Fällen zu Bauteilschäden führen, so können diese Bereiche hier bewusst entfernt werden, auch wenn der 3D-Drucker die technischen Möglichkeiten besitzt, diese Temperaturen zu erzeugen.

Der Bereich d) (Energy Settings) definiert spezifische Druckereigenschaften, die insbesondere bei der Berechnung des Energieverbrauchs eine entscheidende Rolle spielen und als Konstante Größen, für das White Box Modell dient. So sind dies die Heizelemente, die Schrittmotoren und weitere elektrische Verbraucher. Über die drei Buttons „Add/View“ können Details dieser Verbraucher eingesehen und weitere hinzugefügt werden. In Abbildung 5-12 ist dies für die Heizelemente dargestellt.

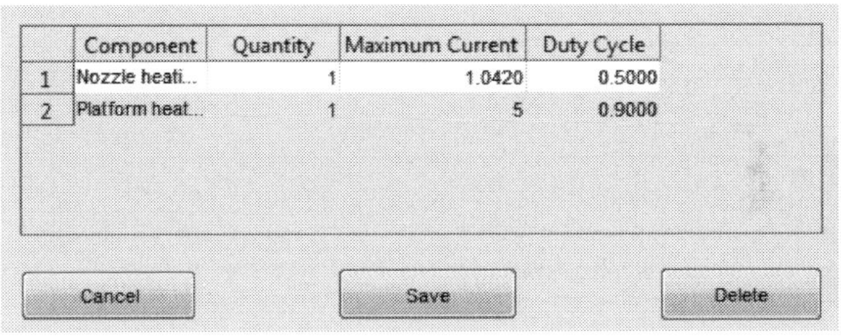

Abbildung 5-12: Fenster zum Hinzufügen von weiteren elektrischen Komponenten durch den Benutzer

Wenn ein andere Typ Drucker also beispielsweise ein weiteres Heizelement besitzt, so kann über das Fenster der Name, die Anzahl, die maximale Stromaufnahmen sowie der duty cycle (Tastgrad: Anteil der Zeit, bei der eine Komponente aktiv ist) angegeben und durch „save“ abgespeichert werden. Im Bereich d) können ebenfalls die Netzspannung sowie die Spannung des Netzteils des Druckers angepasst werden.

5.6.2 Die modulare Softwarearchitektur

Zur Adressierung der *Teilforschungsfrage V*, einer Übertragung der Vorgehensweise auf weitere Technologien, wurde die Softwarearchitektur modular gestaltet. Wird beispielsweise ein anderer 3D-Drucker verwendet, so können die neu zu erstellenden Modelle aufwandsarm ersetzt werden. Gleiches gilt ebenfalls für den verwendeten Optimierungsalgorithmus. Zur Weiterentwicklung der Software kann dieser ausgetauscht und andere Algorithmen untersucht werden. Eine detaillierte Beschreibung aller Fenster, Skripte und Matlabfunktionen ist in Anhang 9.2 zu finden.

Die erstellten Matlabfunktionen und Skripte sowie die für den Benutzer sichtbaren Fenster und Daten sind in Abbildung 5-13 in einer Software-Architektur dargestellt.

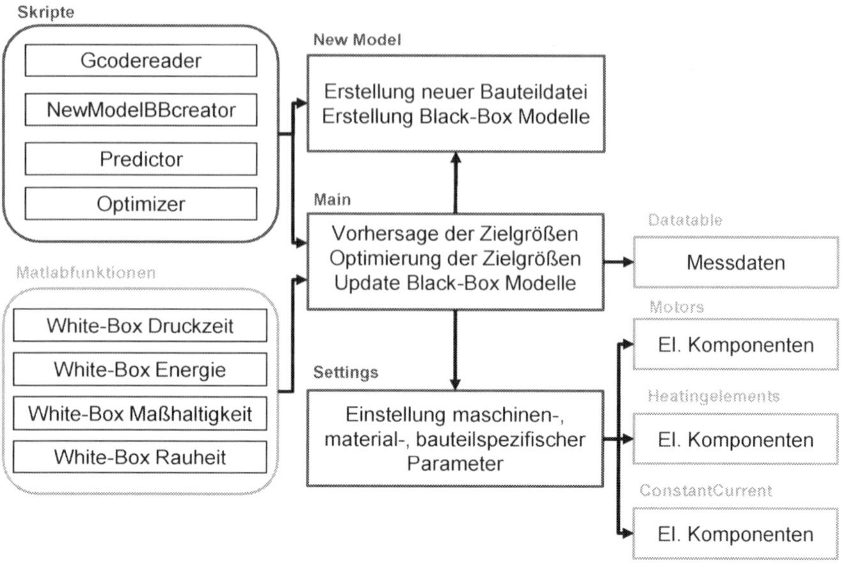

Abbildung 5-13: Architektur des Software Tools

6 Validierung

In Kapitel 4 wurden die einzelnen Black und White Box Modelle für die erste Bauteilgeometrie erzeugt und auch bereits validiert. Ebenfalls die Übertragbarkeit der Modelle auf weitere Bauteilgeometrien wurde untersucht und die in Kapitel 3.3 definierte Annahme zur nicht generellen Übertragbarkeit von Black Box Modellen konnte bestätigt werden. In Kapitel 5 wurden die Modelle anschließend in einem Grey Box Ansatz zusammengeführt und in einem HMI implementiert. Zur vollständigen Beantwortung der Teilforschungsfrage III ist eine Evaluierung dieses Ansatzes notwendig, die im Folgenden beschrieben wird. Dabei wird zunächst in Kapitel 6.1 die Zielgrößenprädiktion und anschließend die Parameteroptimierung in Kapitel 6.2 mit Hilfe des Grey Box Ansatzes untersucht.

6.1 Validierung der Grey Box zur Zielgrößenprädiktion

Für die Validierung des Grey Box Ansatzes zur Prädiktion der Zielgrößen wurden drei Bedingungen formuliert, die ein Messdatendatensatz mindestens erfüllen muss, so dass erwartet werden kann, dass die daraus generierte Black Box gute Ergebnisse liefert: Es muss eine *ausreichende Menge an Datenpunkten* vorhanden sein, es muss eine *weite Bandbreite verschiedenen Datenpunkten* zur Verfügung stehen und es darf *keine Extrapolation* stattfinden (vgl. Kapitel 5.3.2).

Die erste Bedingung ergibt für sieben Stellparameter eine Mindestgröße des Datensatzes von 70 Messpunkten. Es sind aus den Experimenten für jedes Bauteil 82 Messpunkte vorhanden, wodurch diese Bedingung erfüllt ist. Der entwickelte Grey Box Ansatz wird verwendet um diesen bekannten Datensatz zu modellieren und die Zielgrößen vorherzusagen. Für die Black Box Modelle wird dabei folgendes Vorgehen gewählt: Nach je zehn Datenpunkten wird ein neues Black-Box Modell erstellt. Mit diesem Black-Box Modell werden anschließend die nächsten zehn Datenpunkte aus der Messdatenliste vorhergesagt und die Abweichungen zum Messwert berechnet und gemittelt. Um eine realistische Versuchsumgebung zu gewährleisten, werden die vorhandenen Daten randomisiert, wodurch Zentral- und Sternpunkte an zufälligen Stellen liegen. Die White-Box Modelle sind nicht von der Größe des Messdatensatzes abhängig, weshalb in diesem Fall die durchschnittliche Abweichung über alle Messdatenpunkte ermittelt wird. In Abbildung 6-1 werden die ermittelten Abweichungen für Black und White Box Modell für die Zielgröße Druckzeit dargestellt.

Das White Box Modell erreicht eine durchschnittliche Abweichung von 7% vom Messergebnis. Das Black-Box Modell erreicht bei einer Anzahl von unter 30 Datenpunkten nur Vorhersagen mit Fehlern über 50%. Ab ca. 50 Datenpunkten verbessert das Black Box Modell sich drastisch und erreicht einen kleineren Fehler als das White-Box Modell. Mit weiteren Datenpunkten verbessert sich das Black-Box Modell kontinuierlich und erreicht schließlich Vorhersagen mit einer Abweichung von unter 2%.

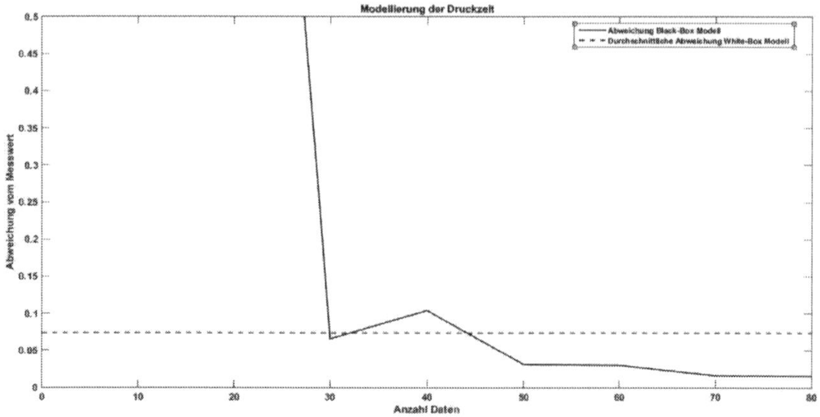

Abbildung 6-1: Auswertung des Grey Box Ansatzes für die Zielgröße Druckzeit

Für die Zielgröße Energieverbrauch sind die Ergebnisse in Abbildung 6-2 dargestellt. Das White Box Modell erreicht hier einen durchschnittlichen Fehler von etwa 8 %. Die Black Box schwank zunächst stark in der Vorhersagegenauigkeit. Abgesehen von einem kleinen Ausreißer erreicht sie jedoch ab etwa 50 Datenpunkten bessere Ergebnisse als die White Box von um die 5 %.

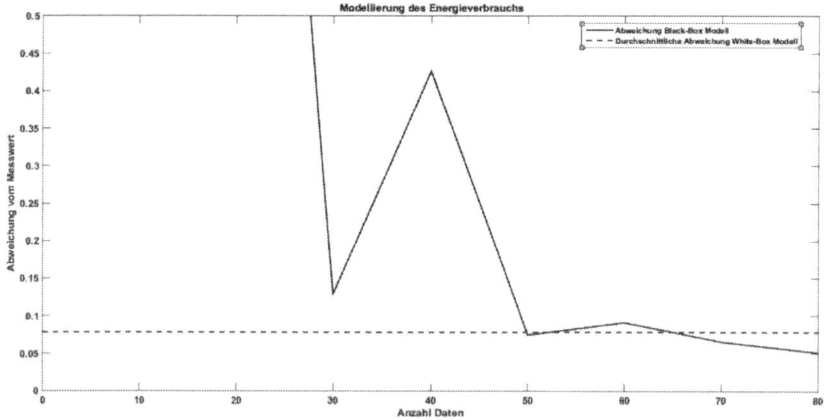

Abbildung 6-2: Auswertung des Grey Box Ansatzes für die Zielgröße Energieverbrauch

Die Ergebnisse für die Zielgröße Maßhaltigkeit fallen relativ schlecht aus. Insbesondere die White Box liefert einen durchschnittlichen Fehler von fast 70 %. Das implementierte Modell, welches lediglich auf dem Wärmeausdehnungskoeffizienten beruht, scheint ungeeignet zu sein, die Maßhaltigkeit zuverlässig zu bestimmen. Die Black Box ist deutlich besser, beinhaltet jedoch ebenfalls Fehler von um die 20 %.

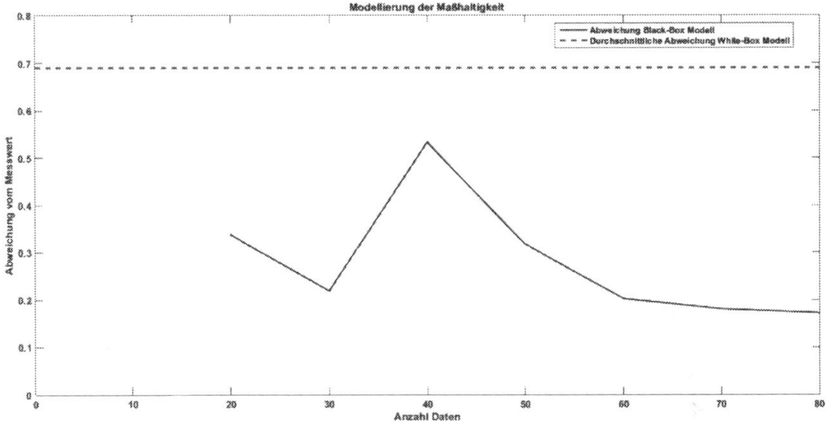

Abbildung 6-3: Auswertung des Grey Box Ansatzes für die Zielgröße Maßhaltigkeit

Das White Box Modell für die Rauheit erreicht ebenfalls keine besonders gute Vorhersagegenauigkeit. Der Fehler liegt im Durchschnitt bei 33 %. Das Black Box Modell erreicht ab ca. 50 Messpunkten eine bessere Vorhersage mit Fehlern von um die 10 %.

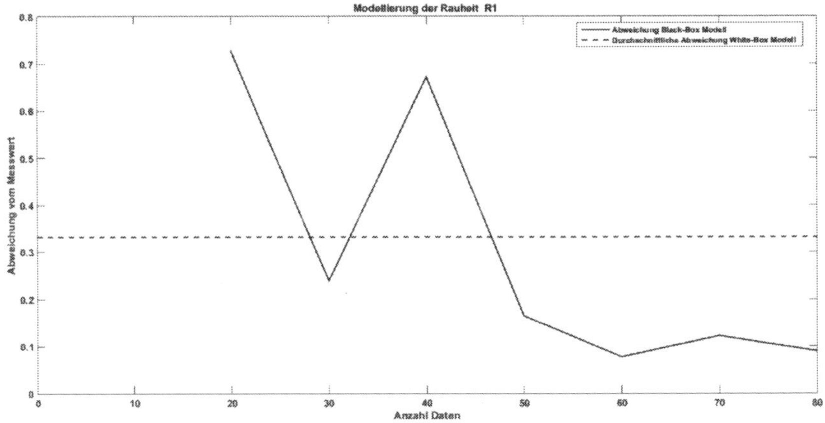

Abbildung 6-4: Auswertung des Grey Box Ansatzes für die Zielgröße Rauheit

In Tabelle 16 sind zusammenfassend alle wichtigen Informationen zu den Modellvorhersagen zu jeder Zielgröße des Referenzteiles dargestellt. Die dazugehörigen Graphen können in Anhang A4 eingesehen werden.

Die relativ schlechte Vorhersagegenauigkeit der Black Box Modelle für die Rauheit und für die Maßhaltigkeit sind wahrscheinlich auf starke Schwankungen im Messdatensatz zurückzuführen. Ein möglicher Grund könnte sein, dass die physikalischen Zusammenhänge komplexer sind als angenommen und Modelle mit Termen höherer Ordnung zur adäquaten Beschreibung benötigt werden. In den meisten Fällen reichen jedoch quadratische Modelle, welche zusammen mit den Wechselwirkungstermen bereits starke Nichtlinearitäten abbilden können. Ein weiterer möglicher Grund für die Schwankungen im Messdatensatz könnten ungenaue Messergebnisse sein. Die Maßhaltigkeit und Rauheit wurden im Versuchsdurchlauf taktil gemessen, was häufig zu Fehlern in der Messung führen kann. Insbesondere die Datensätze für die Maßhaltigkeit, welche mit einem Messschieber gemessen wurden, sind stark abhängig vom Messverfahren, da durch unterschiedlich starken Druck verschiedene Messergebnisse produziert werden. Bei absoluten Abweichungen, die sich im Mikrometerbereich befinden, können so große Ungenauigkeiten im Messdatensatz auftreten, die vom Black-Box Modell nicht mehr abgebildet werden können. Eine weitere Erklärung für die starken Abweichungen der Modelle für die Rauheit sind weiterhin die bereits erwähnten Defekte in den Bauteilen. So traten Löcher und Beulen an der Oberfläche auf, die nicht direkt die Oberflächenrauheit darstellen, bei Messungen jedoch das Ergebnis stark beeinflussen.

In Tabelle 16 sind die Ergebnisse für Black und White Box Modelle noch einmal zusammenfassend dargestellt. Ebenfalls ist dort aufgezeigt, wie viele Messpunkte notwendig sind, damit die Black Box bessere Ergebnisse liefert als die White Box.

Tabelle 16: Vergleich von Black und White Box Modellen bei steigender Größe des Messdatensatzes

Zielgröße	Beste Prozentuale Abweichung		Black-Box übertrifft White Box ab
	Black Box (Datenanzahl)	White Box	
Druckzeit [s]	1.55% (bei 80 Datenpunkte)	7.37%	50 Datenpunkten
Energieverbrauch [Wh]	5.10% (bei 80 Datenpunkten)	7.83 %	50 Datenpunkten
Maßhaltigkeit [%]	17.19% (bei 80 Datenpunkte)	69%	10 Datenpunkten
Rauheit [µm]	7.74% (bei 60 Datenpunkte)	33.17%	50 Datenpunkten

Das Ergebnis des Validierungsexperiments ist die Erkenntnis, dass die Black Box Modelle prinzipiell mit zunehmender Größe des Datensatzes bessere Ergebnisse als die White Modelle Box erzielen. Im dem entwickelten Grey Box Ansatz sind für sieben Parameter mindestens 70 Datenpunkten gefordert. Bei der Druckzeit, dem Energieverbrauch und der Rauheit werden bei 70 Datenpunkten und sogar schon deutlich früher Abweichungen von unter 10 % erreicht. Für die Zielgröße Maßhaltigkeit hingegen, werden zu keiner Zeit zufriedenstellende Vorhersagen erreicht. Als Begründung wurden bereits ungenaue Messergebnisse aufgeführt, welche durch Messfehler bzw. Defekte im Bauteil entstanden sein könnten.

Die zweite formulierte Bedingung für die Qualität des Messdatensatzes betraf die Verteilung der Daten. Diese kritischen Punkte liegen im Bereich der Zentral- und Sternpunkte. Im Folgenden wird überprüft, inwieweit diese Bedingung tatsächlich zu besseren Black Box Modellen führt. Aus den 82 Datenpunkten werden dazu die vier Zentral- sowie die 14 Sternpunkte entfernt. Aus den übrigen 64 Messdatenpunkten wird für jede Zielgröße ein Black Box Modell erzeugt. Um den Einfluss der zweiten Bedingung überprüfen zu können, werden vier weitere Black Box Modelle erstellt, diesmal jedoch mit Hilfe der Zentral- und Sternpunkte. Zum Ausgleich werden 18 andere Messdatenpunkte entfernt. Im Anschluss werden die Prädiktionsgenauigkeiten der Modelle verglichen und in Tabelle 17 dargestellt.

Tabelle 17: Vergleich Black-Box Modelle mit und ohne kritische Datenpunkte

Parameter	Prozentuale Abweichung		Messergebnisse	Black-Box ohne kritischen Punkten	Black-Box mit kritischen Punkten
	Black Box ohne kritische Punkte	Black Box mit kritischen Punkten			
Druckzeit [s]	59.63%	6.99%	663.6	1059.3	709.96
Energieverbrauch [Wh]	61.07%	3.57%	30.80	49.61	31.90
Maßhaltigkeit [%]	35.95%	51.21%	0.6891	0.9368	1.0420
Rauheit [µm]	7.03%	6.35%	16.241	15.10	15.21

Es ist deutlich zu erkennen, dass trotz gleicher Anzahl Daten beider Modelle bis auf die Zielgröße Maßhaltigkeit immer die Modelle, in denen die kritischen Punkte inkludiert sind, bessere Ergebnisse erreichen, als die Modelle ohne diese Punkte. Da der Fehler bei der Maßhaltigkeit jedoch in beiden Fällen sehr hoch ist, was auch hier wahrscheinlich wieder auf die erläuterten Schwankungen im Datensatz bedingt durch ungenaue Messung zurückzuführen ist, kann gefolgert werden, dass die Annahme, dass Punkte im Bereich der Zentral- und Sternpunkte vorhanden sein sollten, korrekt ist.

Somit ist Teilforschungsfrage III beantwortet:

Teilforschungsfragen	III	Wie kann eine solche Kombination der Modelle (Grey Box) realisiert werden, so dass das resultierende Modell eine bessere Prädiktion des Systemverhaltens erlaubt als die Einzelmodelle? ☑

6.2 Validierung der Grey Box zur Parameteroptimierung

Der Optimierungsalgorithmus berechnet neben globalen auch lokale Minima und ist zudem durch die Modelle mit einem bestimmten Fehler behaftet, weshalb das Erreichen eines optimalen Wertes nicht überprüft werden kann. Stattdessen wird zur Validierung des Grey Box Ansatzes zur Parameteroptimierung überprüft, ob tatsächlich eine Verbesserung der Zielgrößen realisiert werden kann im Vergleich zu Parametereinstellungen, die beispielsweise vom Hersteller des 3D-Drucker empfohlen werden.

Dieses Experiment wird für jede Zielgröße einzeln durchgeführt. Es wird für die Zielgrößen *Energieverbrauch*, *Druckzeit*, *Maßhaltigkeit* und *Oberflächenrauheit* je ein Set an Parametereinstellungen zur Optimierung durch die Software bestimmt, mit dem Probebauteile gedruckt werden. Zum Vergleich werden ebenfalls Teile mit Standardeinstellungen gedruckt. Die Werte der Parameter für die verschiedenen Optimierungsversuche sind in Tabelle 18 dargestellt.

Tabelle 18: Parametereinstellung für die finalen Optimierungsversuche

Für Zielgröße: Parameter:	Energieverbrauch Versuch 1	Druckzeit Versuch 2	Oberflächenrauheit Versuch 3	Maßhaltigkeit Versuch 4	Standartwerte Versuch 5
Schichtdicke	0,25	0,23	0,06	0,15	0,17
Temperatur der Nadel	220	220	220	220	220
Temperatur der Plattform	70	70	90	90	80
Fülldichte	10	10	30	10	25
Druckgeschwindigkeit	80	80	40	40	60
Druckgeschw. (untere Lage)	40	40	40	20	30
Druckgeschw. (Füllen)	60	60	60	30	45

Anschließend wurden die gedruckten Bauteile wieder vermessen. Die Ergebnisse sind in Tabelle 19 dargestellt. In den Spalten sind die jeweiligen Optimierungsversuche zu finden. Jede Spalte entspricht einem Parametersetting. Versuch 1 verfolgt dabei das Ziel der Optimierung des Energieverbrauchs, Versuch 2 das Ziel der Optimierung der Druckzeit, usw.

Die jeweils besten Ergebnisse sind in der Tabelle in grün eingefärbt. Ein perfektes Ergebnis für die Validierung des Algorithmus wäre eine grün eingefärbte Diagonale, da in diesem Fall immer dann die Zielgröße den optimalen Wert annimmt, wenn dies auch das Ziel der Parametereinstellung war. Für die Zielgrößen Energieverbrauch und Druckzeit trifft dies auch zu.

Für die Zielgrößen Oberflächenrauheit und Maßhaltigkeit ist dies nicht ganz der Fall, auch wenn die Werte relativ dicht beieinanderliegen. Somit besteht bezüglich der Validierung eine gewisse Einschränkung.

Tabelle 19: Ergebnisse des Validierungsversuchs

Für Zielgröße: Ergebnis	Energieverbrauch Versuch 1	Druckzeit Versuch 2	Oberflächenrauheit Versuch 3	Maßhaltigkeit Versuch 4	Standardwerte Versuch 5
Energieverbrauch	18,5255	20,0291	40,731	101,246	32,5674
Druckzeit	486	466	777	1939	697
Oberflächenrauheit	14,494	9,47	3,065	2,885	5,427
Maßhaltigkeit (Abweichung)	0,13	0,09	0,05	0,08	0,15

Interessant ist jedoch, dass die zu optimierenden Zielgrößen bei allen Versuchen bessere Ergebnisse erzielen, als mit den Parameterwerten, die vom Druckerhersteller vorgegeben wurden. Die Parameteroptimierung durch Anwendung der erstellten Modelle kann als erfolgreich bezeichnet werden.

Somit wird Teilforschungsfrage IV mit ja beantwortet:

Teilforschungsfragen	IV	Kann durch die Umkehrung des entwickelten Grey-Box Modells und die kontinuierliche Adaption der Modelle eine optimale Parametervorgabe für das Fused Deposition Modeling realisiert werden? ☑

Abschließend wird die Hauptforschungsfrage mit ja beantwortet:

Forschungsfrage	Können komplexe Technologien, wie das Fused Deposition Modeling, durch eine modellbasierte Parametervorgabe beherrschbar gemacht und optimiert werden? ☑

7 Reflexion der Arbeit

7.1 Zusammenfassung

Zu Beginn dieser Arbeit steht die Erkenntnis einer wachsenden Komplexität, insbesondere im Bereich der Produktionstechnik. Der Bereich des klassischen Maschinenbaus wächst zusammen mit der Elektronik und Informationstechnik.[191]

Bei Betrachtung neuer komplexer Technologien erwächst daraus die Frage der Beherrschbarkeit, insbesondere für sogenannte additive Fertigungsverfahren, die im Fokus dieser wissenschaftlichen Arbeit stehen. Es wurde ein allgemeiner Ansatz in drei Schritten formuliert: Verstehen, im Sinne von Prädiktion des Systemverhaltens durch Modelle, Beherrschen, durch die Anwendung der Modelle auf das inverse Problem der Parameteroptimierung und Übertragung, durch eine Generalisierung des bis hierhin auf einen spezifischen FDM-Prozess angewandten Konzeptes.

Dazu wurde in der vorliegenden Arbeit der Ordnungsrahmen des *Design Science Research in Information Systems* verwendet. Dieser besteht aus den drei Forschungszyklen zu Relevanz, Rigor und Design, die im weiteren Verlauf bearbeitet wurden.[192] Der Relevanz-Zyklus wird dabei bereits im ersten Kapitel adressiert, indem die Motivation der Arbeit aus der nicht Beherrschung additiver Fertigungstechnologien abgeleitet wird. Dabei steht insbesondere das Zusammenwirken zwischen Unternehmen, Mensch und Maschine in einem soziotechnischen System im Fokus dieser Arbeit. Der Rigor-Zyklus, welcher eine Betrachtung der bereits vorhandenen Wissensbasis und Vorarbeiten fordert, wird durch die Aufarbeitung des Stands der Technik in den drei Objektbereichen *Mathematische Optimierung*, *Modellbildung* und *Additive Fertigungsverfahren* im zweiten Kapitel sowie einer kritischen Reflexion verwandter Vorarbeiten der modellbasierten Optimierung additiver Fertigungsverfahren im dritten Kapitel durchlaufen. Im Bereich der *Mathematischen Optimierung* wird die Fragestellung eingegrenzt auf die Lösung des Minimierungsproblems. Die zu minimierenden mathematischen Modelle werden im anschließenden Objektbereich näher betrachtet. Es wird unterschieden zwischen einem empirischen und einem physikalischen Modellierungsansatz (Black und White Box) sowie deren Kombination (Grey Box). Im folgenden Objektbereich werden *Additive Fertigungsverfahren* betrachtet, dabei zunächst Begrifflichkeiten und die grundsätzliche Idee geklärt, anschließend

---

[191] vgl. **Brecher, C.** (Integrative Produktionstechnik für Hochlohnländer), 2011, S. 701; **Gausemeier, J.; Rammig, F.; Schäfer, W.; Sextro, W.** (Dependability of self-optimizing mechatronic systems), 2014, S. 1ff

[192] vgl. **Hevner, A.; Chatterjee, S.** (Design Science Research in Information Systems), 2010, S. 20

verschiedene Verfahren nach verwendetem Material unterteilt und das FDM als das Verfahren ausgewählt, welches im Rahmen der Arbeit weiter fokussiert wird.

Die kritische Reflexion der Vorarbeiten bezieht sich auf die Anwendung modellbasierter Optimierungsansätze auf additive Fertigungsverfahren und insbesondere das FDM. Es wird abschließend gefolgert, dass die betrachteten Vorarbeiten vielversprechende Ergebnisse liefern, jedoch häufig nur unzureichende Modellgüten erreichen, was vor allem auf zu wenige berücksichtigte Druckerparameter und zu kleine Experimentumfänge zurückzuführen ist. Die Übertragbarkeit auf weitere Anwendungsfälle wird nur sehr selten untersucht.

Ebenfalls in Kapitel 3 wird aus der Gegenüberstellung von Motivation und Wissensbasis die Problemstellung konkretisiert und die Zielformulierung einer anwendungsfallspezifischen Kombination von Black Box und White Box zu Grey Box Modellen für jede Zielgröße eines FDM Prozesses abgeleitet. Diese basiert auf der zentralen Annahme der Arbeit die besagt, dass Black Box (empirische) Modelle bei ausreichend großem Datensatz für den betrachteten Parameterraum exaktere Ergebnisse bei der Prädiktion der Zielgrößen als White Box Modelle liefern, jedoch für eine Übertragung auf weitere Anwendungsfälle nicht geeignet sind.

Im vierten Kapitel wird der formulierte Ansatz für einen konkreten Anwendungsfall durchgeführt. Für einen 3D-Drucker werden Ziel- und Stellgrößen formuliert, Black und White Box Modelle abgeleitet und anschließend evaluiert hinsichtlich der Prädiktionsfähigkeit sowie einer ersten Parameteroptimierung des betrachteten Systems. Dies entspricht dem Design Zyklus des Design Science Research Ansatzes.

Kapitel 5 verfolgt eine Weiterentwicklung und anschließende Auswahl der Modelle für die Implementierung in einem Human-Machine-Interface. Dabei werden Implementierungs- und Rechenaufwand der Modelle berücksichtigt. Darauf aufbauend werden Konzepte für eine kontinuierliche Optimierung der Black Box Modelle und Anpassung bei sich änderndem Bauteil sowie eine Kombination der Black und White Box Modelle in einem verbesserten Grey Box Ansatz entwickelt. Anschließend erfolgt die Auswahl und Anpassung eines geeigneten Algorithmus zur Lösung des formulierten Minimierungsproblems und folglich Optimierung der Systemparameter. Dies entspricht einem weiteren Durchlaufen des Design-Zyklus.

Im anschließenden Kapitel 6 wird das gesamte Konzept einer modellbasierten Parameteroptimierung des FDM durch eine anwendungsfallspezifische Kombination von Black und White Box Modellen einer Validierung unterzogen. Diese Validierung bezieht sich zum einen auf die Prädiktionsfähigkeit der Grey Box Modelle und zum anderen auf die Parameteroptimierung.

Um eine Übertragung des Vorgehens auf weitere Anwendungen zu ermöglichen, werden die durchlaufenen Schritte generalisiert und im Folgenden zusammenfassend dargestellt. Dabei wird erneut auf Basis des Ordnungsrahmens des Design Science Research eine Vorgehensweise abgeleitet, wie für nicht beherrschte komplexe Technologien mit Hilfe von empirischen und physikalischen Modellen und deren anschließenden anwendungsfallspezifischen Kombination zu Grey Box Modellen eine Parameteroptimierung realisiert werden kann. Dies entspricht der Rückführung in die Wissensbasis und das finale Durchlaufen des Rigor-Zyklus.

Als Grundlage dieses Vorhabens wurde in Kapitel 1.3 der Ansatz des *Design Science Research in Information Systems (DSRIS)* gewählt, vorgestellt und im Laufe der Arbeit verfolgt (Abbildung 1-4). Alle Schritte, die durchgeführt wurden, um die Parameteroptimierung für das FDM Verfahren umzusetzen, werden im Folgenden zunächst generalisiert und anschließend in diesen grundsätzlichen Ordnungsrahmen übertragen. Das generalisierte Vorgehen ist in Abbildung 7-1 schematisch dargestellt und unterteilt sich in die fünf Schritte *Eingrenzung*, *Vorarbeiten*, *Bildung der Einzelmodelle*, *Bildung der Grey Box* und *Validierung*, welche im Folgenden erläutert werden.

Eingrenzung

Der erste Schritt der Eingrenzung behandelt die klare Definition des Problems und gliedert sich in die drei Bereiche Technologie, Organisation und Mensch, die im Rahmen des DSRIS die Umgebung darstellen. Sie beschreibt die Zusammenarbeit zwischen Menschen und Technologie innerhalb der Organisation und leiten sich im Rahmen des Relevanz-Zyklus auch die Ziele, die relevante Fragestellung und die Grenzen des betrachteten Systems ab. Ergebnis der Eingrenzung ist zum einen die betrachtete Technologie und ihre Systemgrenzen sowie die Zielgrößen, die optimiert werden. Im Rahmen der vorliegenden Arbeit waren dies das FDM-Verfahren am Beispiel des 3D-Druckers *Ultimaker 2* und die Zielgrößen *Energieverbrauch*, *Druckzeit*, *Maßhaltigkeit* und *Oberflächenrauheit*.

Vorarbeiten

Der zweite Schritte Vorarbeiten wird im DSRIS als Wissensbasis bezeichnet und beinhaltet bisherige Erkenntnisse, Methodiken, Referenzprojekte, Modelle, etc. in dem Problem- und Aufgabenbereich. Für den betrachteten Fall sind dies zum einen grundlegende Arbeiten die Technologie betreffend (Standardliteratur etc.) und zum anderen aktuelle Forschungsarbeiten, die bereits eine Optimierung des Verfahrens adressieren. Dies können zum Beispiel entwickelte Modelle (hauptsächlich White Box) oder mathematische Optimierungsverfahren sein. Bereits durchgeführte Experimente können außerdem Aufschluss geben über wichtige Parameter und Stellgrößen des Verfahrens, bezogen auf die bereits definierten Zielgrößen. Auch die hier vorgestellten Ergebnisse für den FDM Prozess sind Teil der Wissensbasis und können genutzt werden. Durch den Rigor Zyklus werden zum einen Stellparameter und zum anderen (White Box) Modelle aus der Literatur bereitgestellt. Im Rahmen dieser Arbeit wurden als Vorarbeiten zum Beispiel White Box Modelle für die Oberflächenrauheit und die Maßhaltigkeit verwendet. Auch eine erste Einschränkung der wichtigen Parameter des FDM-Verfahrens konnte aus der Literatur abgeleitet werden, was einer Reduzierung des Versuchsaufwands für die empirischen Modelle ermöglicht hat.[193]

Bildung der Einzelmodelle

Mit den Systemgrenzen, den Stell- und Zielgrößen sowie ersten Modellansätzen beginnt im nächsten Schritt die Bildung der Einzelmodelle, welche sich unterteilt in die empirische (Black

[193] vgl. **ebenda** (Design Research in Information Systems), 2010, S. 17f

Box) und physikalische (White Box) Modellierung. Für beide Fälle wurden die bereits existierenden Vorgehen nach ISERMANN verwendet, angepasst und in den Ordnungsrahmen übertragen.[194]

Für die White Box Modellierung werden demnach zunächst vereinfachende Annahmen getroffen. Dies ist notwendig, um die Komplexität der Modelle zu beschränken. Anschließend werden anhand von vier verschiedenen Gleichungstypen die physikalischen Gesetze des betrachteten Systems beschrieben. Diese können aus der Literatur übernommen oder durch eigene Arbeiten entwickelt werden. Genutzt werden Erhaltungssätze, statische Gleichungen, phänomenologische Gleichungen und Verknüpfungsgleichungen. Die entstandenen theoretischen Modelle werden anschließend noch einmal vereinfacht, bevor eine Evaluierung erfolgt. Nach ISERMANN können auf diese Evaluierung weitere Zyklen des beschriebenen Vorgehens erfolgen, indem die Modelle immer weiter vereinfacht werden, bis sie rechen- und lösbar sind. Die in dieser Arbeit entwickelte Methodik erweitert diesen Zyklus nach ISERMANN jedoch um den Punkt *Hinzunahme von Einflüssen*, der das Gegenteil der weiteren Vereinfachung beschreibt. Das wäre in dieser Arbeit zum Beispiel das Modell der Maßhaltigkeit, welches lediglich auf einem Schrumpffaktor basiert. So kann es durchaus vorkommen, dass die zu Beginn getroffenen vereinfachenden Annahmen zu einem Modell führen, welches das Systemverhalten nicht mehr adäquat beschreibt. Daher müssen diese Annahmen rückgängig gemacht und alle signifikanten Einflüsse berücksichtigt werden. Die beiden Punkte *Hinzunahme von Einflüssen* und *Vereinfachende Annahmen* werden als entweder/oder Schritte verstanden, je nachdem, was das Ergebnis der Evaluierung ist. Die Modelle sollten dabei stets so einfach wie möglich und komplex wie nötig ausgelegt werden.

Für die Black Box Modellierung werden nach ISERMANN parallel dazu die folgenden Schritte durchlaufen: Vorwissen zur Strukturbestimmung nutzen, Experiment durchführen und Identifikation. Das Ergebnis sind die empirischen Modelle für die betrachteten Zielgrößen. Das Vorgehen wurde in dieser Arbeit um den Schritt der Versuchsplanung erweitert, die vor dem Experiment stattfindet. Dieser Schritt enthält eine genaue Planung, welche Faktoren, Faktorstufen und Zielgrößen betrachtet werden. Mithilfe dieser Informationen wird ein Versuchsplan erstellt, der anschließend abgearbeitet wird. Das heißt die Versuche werden mit den entsprechenden Faktoreinstellungen durchgeführt und die Ausprägungen der Zielgrößen gemessen.

Somit entsteht ein Trainingsdatensatz, aus dem durch geeignete Regressionsanalysen die Modelle abgeleitet werden. Weiterhin werden an dieser Stelle die zur Verfügung stehenden Ressourcen betrachtet, woraus abgeleitet wird, wie viele Experimente durchgeführt werden. Die entstandenen empirischen Modelle werden anschließend ebenfalls evaluiert und mit den physikalischen White Box Modellen verglichen.[195]

---

[194] vgl. **Isermann, R.; Münchhof, M.** (Identification of Dynamic Systems), 2011, S. 1f

[195] vgl. **ebenda** (Identification of Dynamic Systems), 2011, S. 1f

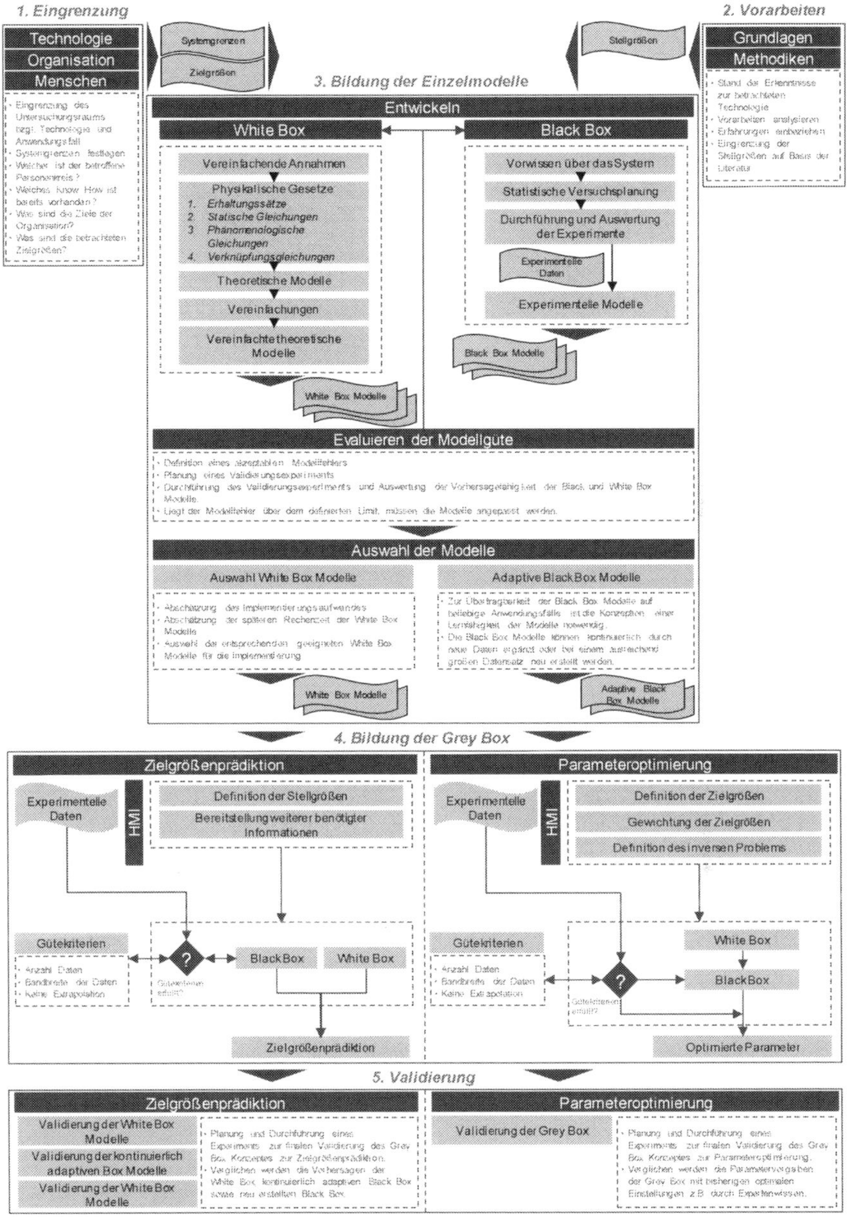

Abbildung 7-1: Vorgehen zur Entwicklung von Grey Box Modellen zur Beherrschung komplexer Technologien

Die Evaluierung erfolgt durch die Planung eines weiteren Experiments. Es muss neben dem bereits zur Modellerstellung genutzten Trainingsdatensatzes ein weiterer Datensatz erzeugt werden. Es werden erneut Experimente mit bestimmten Faktoreinstellungen durchgeführt und die Zielgrößen gemessen. Anschließend können sowohl für die empirischen Black Box Modelle als auch für die physikalischen White Box Modelle die Vorhersagen mit den tatsächlichen Ausprägungen der Zielgrößen verglichen werden. Dies ermöglicht die Bewertung der Modellgüte. Sollte die Güte der Modelle unter einem bestimmten angestrebten Wert liegen, muss erneut in den Zyklus der Modellerstellung zurückgekehrt werden und das so lange, bis eine ausreichende Güte erreicht wurde. Nach diesem Schritt ist der aus dem DSRIS-Ordnungsrahmen bekannte Design-Zyklus ebenfalls abgeschlossen.

Bevor der anschließende Schritt der Grey Box Modellierung begonnen werden kann, wird eine weitere Bewertung, Anpassung und Auswahl der Black und White Box Modelle durchgeführt. Die Bewertung der White Box Modelle wird hinsichtlich zweier Kriterien betrachtet: Implementierungsaufwand und Rechenzeit. Dies ist notwendig, da White Box Modelle verschiedenste Formen haben können, von linearen Zusammenhängen über Polynome bis hin zu Differentialgleichungssystemen. Aus praktischen Gesichtspunkten ist es jedoch auch notwendig zu bewerten, wie aufwendig die Implementierung ist und ob dies mit den vorhandenen Ressourcen realisiert werden kann. Außerdem spielt die Rechenzeit eine entscheidende Rolle, je nachdem in welchem Anwendungsfall die Modelle eingesetzt werden sollen. Sind die betrachteten Modelle zu komplex, muss auch hier wieder an den Startpunkt der Modellentwicklung zurückgekehrt werden, um diese zu vereinfachen. In der vorliegenden Arbeit wurde beispielsweise ein White Box Modell für die Oberflächenrauheit aufgrund zu hoher Komplexität verworfen.

Für die Black Box Modelle sieht die Aufgabe anders aus. Da bei der Regressionsanalyse bereits die Struktur der Modelle festgelegt wird (linear, quadratisch etc.) ist eine spätere Evaluierung nicht notwendig. Vielmehr sollte die Struktur bereits bei der Regression so gewählt werden, dass die Implementierung mit den vorhandenen Ressourcen abgedeckt werden kann und die Rechenzeit ebenfalls auf den betrachteten Anwendungsfall abgestimmt ist. Für die Black Box Modelle stellt sich vielmehr die Frage der Übertragbarkeit auf weitere Anwendungsfälle, da diese auf den Trainingsdaten beruhen, die für einen bestimmten Anwendungsfall (z. B. Bauteilgeometrie) erstellt wurden. Den Black Box Modellen muss daher ein adaptives Verhalten bzw. eine Lernfähigkeit beigebracht werden. Dies kann zum Beispiel durch eine kontinuierliche Anpassung der Modelle anhand neuer Daten geschehen oder durch die Neuerstellung der Modelle, sobald genügend Daten vorhanden sind. Beide Fälle wurden im Rahmen dieser Arbeit betrachtet mit dem Ergebnis, dass je nach Anwendungsfall der eine oder andere Ansatz zu bevorzugen ist (vgl. Kapitel 5.2).

Bildung der Grey Box

Die anschließende Bildung der Grey Box als Kombination von empirischen und physikalischen Modellen gliedert sich in zwei Bereiche, den Bereich der Zielgrößenprädiktion und den Bereich der Parameteroptimierung. Das liegt daran, dass die Kombination und Verwendung der verschiedenen Modellansätze in den beiden Bereichen unterschiedlich geschieht. Grundsätzlich lassen sich die drei Möglichkeiten der Grey Box Kombination unterscheiden: serielle, parallele und die isolierte Grey Box (vgl. Kapitel 5.3.1) Für den betrachteten Anwendungsfall muss ein geeigneter Ansatz gewählt und umgesetzt werden. Ein Ansatz, der im Rahmen dieser Arbeit sowohl für die Prädiktion als auch für die Optimierung verwendet wurde und als Empfehlung in das Vorgehen integriert wird, ist die Definition von Gütekriterien für die Black Box Modelle. Diese Gütekriterien bilden die Grundlage für eine Entscheidung darüber, ob die Black Box Modelle verwendet werden oder nicht. Das können zum Beispiel ein ausreichend großer Datensatz oder die Bandbreite der Daten sein, außerdem die Beschränkung, dass keine Extrapolation stattfindet. Im Falle der Zielgrößenprädiktion wird anschließend ein digitaler Schalter realisiert, der situationsabhängig entscheidet, ob entweder das Black oder das White Box Modell verwendet werden soll. Es kann nur selten Gewissheit herrschen, welches der Modelle zu diesem Zeitpunkt bessere Ergebnisse liefert, jedoch kann auf Basis von Erfahrungswissen eine Abschätzung getroffen werden. Es wird angenommen, dass unter der Voraussetzung, dass die Messdaten die Gütekriterien erfüllen, die Black Box Modelle bessere Ergebnisse bei der Zielgrößenprädiktion liefern (vgl. Kapitel 5.5.1). Für den Fall der Parameteroptimierung ist zunächst noch zu definieren, wie ein theoretisches Optimum der Zielgrößen verstanden wird. Es bietet sich an, alle Zielgrößen so zu formulieren, dass diese anschließend minimiert werden. Anstatt zum Beispiel ein Sollmaß zu definieren, ist Zielgröße die Abweichung von diesem Maß, die daher zu minimieren ist. Es müssen die Optima für die Zielgrößen definiert und gewichtet werden. Wird dies befolgt, handelt es sich um ein Minimierungsproblem, für das geeignete Lösungsalgorithmen existieren (vgl. Kapitel 2.1.2). Für die Optimierung werden in dieser Arbeit zunächst nur die White Box Modelle genutzt. Das stellt sicher, dass im gesamten Parameterraum nach einer optimalen Lösung gesucht wird und nicht nur in dem Bereich, für den experimentelle Daten existieren. Sind außerdem die Gütekriterien erfüllt, werden zusätzlich die Black Box Modelle zur Optimierung verwendet. Die Ergebnisse der White Box Optimierung werden als Startwerte für eine weitere Optimierung verwendet. Für die Parameter, die im White Box Modell nicht berücksichtigt werden, wird ausschließlich das Black Modell verwendet. Für die anderen Parameter wird im Bereich des Ergebnisses der White Box mit Hilfe der Black Box nach einem lokalen Minimum gesucht (vgl. Kapitel 5.5.2).

Validierung

Abschließend ist eine Validierung der entwickelten Konzepte notwendig, jeweils für die Zielgrößenprädiktion und für die Parameteroptimierung. Für die Zielgrößenprädiktion werden die White und Black Box Modelle einzeln hinsichtlich ihrer Vorhersagefähigkeit verglichen. Im Rahmen dieser Arbeit erfolgte eine weiterer Unterteilung der Black Box Modelle in kontinuierlich adaptive und neu erstellte Modelle. Für die Zielgrößenoptimierung wird empfohlen, die Optimierung derart zu validieren, dass die vorgeschlagenen Parametereinstellungen bessere Ergebnisse liefern, als andere bisherige optimale Einstellungen. Hier waren dies empfohlene Einstellungen des 3D-Drucker Herstellers. Diese Validierung stellt ebenfalls wieder den Abschluss des Relevanz-Zyklus dar, da so die Nützlichkeit für das praktische Problem aus der Umgebung gezeigt wird. Zum Schluss wird das entwickelte Konzept in die Wissensbasis überführt und bildet den Abschluss des Rigor-Zyklus.

7.2 Diskussion und Ausblick

Bereits im Laufe der Arbeit wurden an einigen Stellen Verbesserungs- bzw. weitere Forschungspotenziale identifiziert und werden an dieser Stelle noch einmal zusammenfassend dargestellt. Zum einen wurde bereits diskutiert, dass die teilweise ungenügende Prädiktionsfähigkeit der Modelle für die Zielgrößen Oberflächenrauheit und Maßhaltigkeit auf ungenaues Messen bzw. Fehler im Bauteil zurückzuführen sein könnten. Ist die Oberfläche des Bauteils zum Beispiel fehlerhaft, so hat dies erheblichen Einfluss auf die gemessene Oberflächenrauheit und beeinflusst ebenfalls das abgeleitete Modell. Ein Verbesserungspotenzial wäre der Einsatz einer alternativen Methode zur Bestimmung der Rauheit, die Fehler in der Oberfläche beispielsweise als Ausreißer in den Daten betrachtet und nicht in die eigentliche Berechnung mit einfließen lässt. Bezogen auf die Maßhaltigkeit wurde erkannt, dass die Maße sich in der horizontalen Ebene teilweise anders verhalten als in der vertikalen, eventuell bedingt durch die Schwerkraft. Daher ist auch eine gesonderte Betrachtung und eine Formulierung von Einzelmodellen erforderlich. Zunächst müsste dieser Umstand jedoch durch ein geeignetes Experiment näher untersucht werden.

Ein weiteres Verbesserungspotenzial betrifft den Optimierungsalgorithmus, da es insbesondere bezogen auf das Finden globaler Minima sowie die dafür benötigte Rechenzeit lohnend erscheint, weitere mathematische Optimierungsverfahren einer eingehenden Untersuchung zu unterziehen.

Im Rahmen der Arbeit wurde die Entwicklung von Grey Box Modellen zunächst für einen additiven Fertigungsprozess (FDM), für einen Drucker (Ultimaker 2), für ein Bauteil durchgeführt. Anschließend wurde eine Methode formuliert, wie die Modelle adaptiv gestaltet werden können, um sich anwendungsfallspezifisch an weitere Bauteilgeometrien anzupassen. Diese Anpassung wurde ebenfalls validiert. Der nächste konsekutive Schritt wäre die Übertragung auf weitere 3D-Drucker sowie Fertigungsverfahren. Dies kann jedoch nicht allein durch adaptive Modelle realisiert werden. Eine erneute Anwendung der generellen Vorgehensweise auf weitere Technologien bzw. Fertigungsverfahren wird weitere Erkenntnisse und Erfahrungswerte liefern, wie ein erfolgreiche Entwicklung von Grey Box Modellen zur Parameteroptimierung realisiert werden kann um weiteres Erfahrungswissen aufzubauen, das Ziel einer besseren Beherrschbarkeit von Technologien zu verfolgen und letztendlich Komplexität besser zu beherrschen.

8 Literaturverzeichnis

Afsarmanesh, H., et al. (2016): Collaboration in a Hyperconnected World: Springer International Publishing. Cham.

Ahn, D.; Kweon, J.-H.; Kwon, S.; Song, J.; Lee, S. (2009): Representation of surface roughness in fused deposition modeling. In: Journal of Materials Processing Technology. 209, 15-16, S. 5593–5600.

Ahn, S.; Montero, M.; Odell, D.; Roundy, S.; Wright, P. (2002): Anisotropic material properties of fused deposition modeling ABS. In: Rapid Prototyping Journal. 8, Nr. 4, S. 248–257.

Alevras, D.; Padberg, M. W. (2001): Linear Optimization and Extensions: Springer Berlin Heidelberg. Berlin, Heidelberg.

Ang, K.; Leong, K.; Chua, C.; Chandrasekaran, M. (2006): Investigation of the mechanical properties and porosity relationships in fused deposition modelling-fabricated porous structures. In: Rapid Prototyping Journal. 12, Nr. 2, S. 100–105.

Anitha, R.; Arunachalam, S.; Radhakrishnan, P. (2001): Critical parameters influencing the quality of prototypes in fused deposition modelling. In: Journal of Materials Processing Technology. 118, 1-3, S. 385–388.

Apelt, O. (2010): Der Staat: Anaconda. Köln.

Armillotta, A. (2006): Assessment of surface quality on textured FDM prototypes. In: Rapid Prototyping Journal. 12, Nr. 1, S. 35–41.

Arpe, J. (2012): Die Globalisierung und ihre Komplexität. Herausforderungen für die Grundlagen wirtschaftlicher Entscheidungen. Gütersloh.

Baldwin, C. Y.; Clark, K. B. (2000): Design rules: Massachusetts Institute of Technology. Cambridge.

Banathy, B. H. (1996): Designing social systems in a changing world: Plenum Press. New York.

Bandyopadhyay, A.; Bose, S. (2016): Additive manufacturing: CRC Press. Boca Raton.

Bargel, H.-J.; Schulze, G. (2012): Werkstoffkunde: Springer. Berlin.

Barrentine, L. B. (1999): An introduction to design of experiments. A simplified approach: ASQ Quality Press. Milwaukee, Wisconsin.

Beaman, J. J. (1997): Solid freeform fabrication. A new direction in manufacturing: with research and applications in thermal laser processing: Kluwer Academic Publishers. Dordrecht, Boston.

Bender, R.; Lange, S. (2001): Was ist der p-Wert? In: DMW - Deutsche Medizinische Wochenschrift. 126, Nr. 15, S. 39–40.

Berger, U., et al. (2013): Additive Fertigungsverfahren. Rapid Prototyping, Rapid Tooling, Rapid Manufacturing: Verl. Europa-Lehrmittel. Haan-Gruiten.

Bortz, J.; Döring, N. (2006): Forschungsmethoden und Evaluation für Human- und Sozialwissenschaftler. Mit 87 Tabellen: Springer. Berlin, Heidelberg, New York.

Boschetto, A.; Bottini, L. (2015): Surface improvement of fused deposition modeling parts by barrel finishing. In: Rapid Prototyping Journal. 21, Nr. 6, S. 686–696.

Box, G. (1976): Science and Statistics. In: Journal of the American Statistical Association. 71, Nr. 356, S. 791–799.

Brecher, C. (2011): Integrative Produktionstechnik für Hochlohnländer: Springer-Verlag Berlin Heidelberg. Berlin, Heidelberg.

brunner, L. (2016): 3ddinge - Ultimaker 2. URL: http://www.3ddinge.de/wp-content/uploads/2014/03/Ultimaker.jpg [Stand: 16.11.2016].

Bruns, M. (1991): Systemtechnik. Ingenieurwissenschaftliche Methodik zur interdisziplinaeren Systementwicklung: Springer. Berlin.

BusinessDictionary (2016): Information system. URL: http://www.businessdictionary.com/definition/information-system.html [Stand: 07.10.2016].

Campbell, T., et al. (2015): Strategic Foresight Report. Could 3D Printing Change the World? Technologies, Potential, and Implications of Additive Manufacturing: Atlantic Council.

Chang, D.-Y.; Huang, B.-H. (2011): Studies on profile error and extruding aperture for the RP parts using the fused deposition modeling process. In: The International Journal of Advanced Manufacturing Technology. 53, 9-12, S. 1027–1037.

Cleff, T. (2008): Deskriptive Statistik und moderne Datenanalyse. Eine computergestützte Einführung mit Excel, SPSS und STATA: Betriebswirtschaftlicher Verlag Dr. Th. Gabler / GWV Fachverlage GmbH, Wiesbaden. Wiesbaden.

Dahlgaard, J. J., et al. (1998): Fundamentals of total quality management. Process analysis and improvement: Chapman and Hall. London.

Dahmen, W.; Reusken, A. (2008): Numerik für Ingenieure und Naturwissenschaftler: Springer. Berlin, Heidelberg.

Delen, D.; Olson, D. L. (2008): Advanced data mining techniques: Springer. Berlin [u.a.].

Delfs, P.; Töws, M.; Schmid, H.: Surface Roughness optimized Alignment of Parts for Additive Manufacturing Processes: 26th Solid Freeform Fabrication Symposium, S. 1334–1443.

Hevner, A.; Chatterjee, S. (2010): Design Research in Information Systems: Springer US. Boston, MA.

DIN 8580 (2014): Fertigungsverfahren - Begriffe, Einteilung: BTU. Cottbus.

DIN EN ISO 4287 (1998): Oberflächenbeschaffenheit: Tastschnittverfahren. Geometrische Produktspezifikationen (GPS); Benennung, Definitionen und Kenngrößen der Oberflächenbeschaffenheit (ISO 4287:1997) deutsche Fassung EN ISO 4287:1998: Beuth. Berlin.

Diwekar, U. M. (2008): Introduction to applied optimization: Springer. New York.

Düttmann, D. (2016): Turkan bekommt neuen Schnabel aus 3D-Drucker [Stand: 02.06.2016].

Einstein, A. (2016): Gutzitiert. (2016). URL: http://www.gutzitiert.de/zitat_autor_albert_einstein_thema_einfach_zitat_23857.html.

Eireiner, D. (2013): Prozessmodelle zur statischen Auslegung von Anlagen für das Friction Stir Welding: Utz. München.

Eiselt, H. A.; Sandblom, C.-L. (2012): Operations Research: Springer Berlin Heidelberg. Berlin, Heidelberg.

Elsner, P. C.: 3D-Drucktechnologie. Grundlagen zur Herstellung polymerer Bauteile mit gradierten Werkstoffeigenschaften. Berlin, TU Berlin. Dissertationsschrift. (2009). – Aktualisierungsdatum: 2009.

European Powder Metallurgy Association (EPMA) (2015): Introduction to additive manufacturing technology. A guide for designers and engineers. Shrewsbury, UK.

Fastermann, P. (2014): 3D-Drucken: Springer Berlin Heidelberg. Berlin, Heidelberg.

Fink, A.; Rothlauf, F. : Heuristische Optimierungsverfahren in der Wirtschaftsinformatik. Working Papers in Information Systems 1. Mannheim.

Fischer, M., et al. (2016): Fused Deposition Modling (FDM) [Stand: 13.06.2016].

Frank, D.; Chandra, R.; Schmitt, R. (2015): An Investigation of Cause-and-Effect Relationships Within a 3D-Printing System and the Applicability of Optimum Printing Parameters from Experimental Models to Different Printing Jobs. In: 3D Printing and Additive Manufacturing. 2, Nr. 3, S. 131–139.

Friedmann, T. (2015): Moore's Law Turns 50. In: The New York Times.

Froese, N. (2015): Eudoxos & Co. – Euxodos und co. - Die Anfänge der wissenschaftlichen Astronomie. Von den Anfängen der geometrischen Astronomie bei Eudoxos über die Kosmologie des Aristoteles und das heliozentrische Weltbild des Aristarchos bis zum Almagest des Ptolemaios. URL: http://www.antike-griechische.de/Eudoxos.odt [Stand: 23.12.16].

Gabriel, R. (2013): Informationssystem. URL: http://www.enzyklopaedie-der-wirtschaftsinformatik.de/lexikon/uebergreifendes/Kontext-und-Grundlagen/Informationssystem [Stand: 10.11.2016].

Gartner IT Glossary (2015): Predictive Analytics. URL: http://www.gartner.com/it-glossary/prescriptive-analytics [Stand: 07.11.2016].

Gausemeier, J., et al. (2014): Dependability of self-optimizing mechatronic systems: Springer. Berlin.

Gebhardt, A. (2007): Generative Fertigungsverfahren. Rapid Prototyping - Rapid Tooling - Rapid Manufacturing: Carl Hanser Verlag. München.

Gebhardt, A. (2013): Additive Manufacturing: Hanser. München.

Geiger, C.; Kanzow, C. (1999): Numerische Verfahren zur Lösung unrestringierter Optimierungsaufgaben: Springer Berlin Heidelberg. Berlin, Heidelberg.

Geuer, A. (1996): Einsatzpotential des Rapid Prototyping in der Produktentwicklung: Springer. Berlin, New York.

Gitlow, H. S. (2009): A guide to lean six sigma management skills: CRC Press. Boca Raton.

Gluchowski, P., et al. (2008): Management-Support-Systeme und Business intelligence. Computergestützte Informationssysteme für Fach- und Führungskräfte: Springer. Berlin, Heidelberg.

Goodman, N. (1997): Sprachen der Kunst. Entwurf einer Symboltheorie: Suhrkamp. Frankfurt am main.

Graichen, K.: Methoden der Optimierung und optimalen Steuerung. Ulm, Universität Ulm, Institut für Mess-, Regel- und Mikrotechnik. Vorlesungsskript. (2015). – Aktualisierungsdatum: 2015.

Griffiths, C.; Howarth, J.; Rowbotham, G.; Rees, A. (2016): Effect of Build Parameters on Processing Efficiency and Material Performance in Fused Deposition Modelling. In: Procedia CIRP. 49, S. 28–32.

Gritzmann, P. (2013): Grundlagen der Mathematischen Optimierung: Springer Fachmedien Wiesbaden. Wiesbaden.

Grüne, L.; Pannek, J. (2011): Nonlinear model predictive control. Theory and agorithms: Springer. London [u.a.].

Hagemann, F.; Zäh, M. (2006): Wirtschaftliche Fertigung mit Rapid-Technologien. Anwender-Leitfaden zur Auswahl geeigneter Verfahren: Hanser. München [Stand: 11.08.2014].

Harrell, F. E. (2001): Regression Modeling Strategies: Springer New York. New York, NY.

Hauser, H.; Fussenegger, M. (2007): Tissue engineering: Humana Press. Totowa, N.J.

Heaton, J. (2015): Artificial intelligence for humans: Heaton Research, Inc. St. Louis, MO.

Helfert, M.; Donnellan, B. (2012): Practical aspects of design science. European Design Science Symposium, EDSS 2011, Leixlip, Ireland, October 14, 2011, Revised selected papers: Springer. Berlin, New York.

Hendrix, E. M.; G.-Tóth, B. (2010): Introduction to Nonlinear and Global Optimization: Springer New York. New York, NY.

Herrmann, T.; Kunau, G.; Loser, K.-U. (2002): Sociotechnical Walkthrough — ein methodischer Beitrag zur Gestaltung soziotechnischer Systeme. In: Herczeg, M.; Prinz, W.; Oberquelle, H. (Hrsg.): Mensch & Computer 2002. Wiesbaden: Vieweg+Teubner Verlag, S. 323–332.

Hevner, A., et al. (2004): Design Science in Information Systems Research. URL: http://misq.org/design-science-in-information-systems-research.html.

Hevner, A.; Chatterjee, S. (2010): Design Science Research in Information Systems. In: Hevner, A.; Chatterjee, S. (Hrsg.): Design Research in Information Systems. Boston, MA: Springer US, S. 9–22.

Hoekstra, N.; Kraft, B.; Newcomer, J. : Effect of layer orientation on the mechanical properties of acrylonitrile-butadiene-styrene test pecimens produced by fused deposition: Journal of Injection Molding Technology, S. 193–199.

Huang, Q.; Zhang, J.; Sabbaghi, A.; Dasgupta, T. (2015): Optimal offline compensation of shape shrinkage for three-dimensional printing processes. In: IIE Transactions. 47, Nr. 5, S. 431–441.

iGo3D (2016): Ultimaker 2. URL: https://www.igo3d.com/de/ultimaker-2-plus.html?gclid=CjwKEAiApLDBBRC8oICb9NvKsg0SJAD9yOHsn9kMb0ZnSwVF-KyPxCUMr4YyPfzPwd9BVX4BKBdQ4BoCfHXw_wcB [Stand: 16.11.2016].

Imboden, D. M.; Koch, S. (2003): Systemanalyse: Springer Berlin Heidelberg. Berlin, Heidelberg.

Ippolito, R.; Iuliano, L.; Gatto, A. (1995): Benchmarking of Rapid Prototyping Techniques in Terms of Dimensional Accuracy and Surface Finish. In: CIRP Annals - Manufacturing Technology. 44, Nr. 1, S. 157–160.

Isermann, R.; Münchhof, M. (2011): Identification of Dynamic Systems: Springer Berlin Heidelberg. Berlin, Heidelberg.

Kaiser, W. (2016): Kunststoffchemie für Ingenieure. Von der Synthese bis zur Anwendung: Hanser. München.

Keesman, K. J. (2011): System identification. An introduction: Springer. London, New York.

Kellner, N. (2016): Materialsysteme für das pulverbettbasierte 3D-Drucken. München.

Kistner, K.-P. (1993): Optimierungsmethoden: Physica-Verlag HD. Heidelberg.

Koller, R. (1998): Konstruktionslehre für den Maschinenbau. Grundlagen zur Neu- und Weiterentwicklung technischer Produkte mit Beispielen: Springer. Berlin [u.a.].

Kornmeier, M. (2007): Wissenschaftstheorie und wissenschaftliches Arbeiten. Eine Einführung für Wirtschaftswissenschaftler: mit 3 Tabellen: Physica-Verl. Heidelberg.

Lee, J.; Huang, A. (2013): Fatigue analysis of FDM materials. In: Rapid Prototyping Journal. 19, Nr. 4, S. 291–299.

Lindemann, U., et al. (2006): Individualisierte Produkte — Komplexität beherrschen in Entwicklung und Produktion: Springer-Verlag Berlin Heidelberg. Berlin Heidelberg. URL: http://dx.doi.org/10.1007/3-540-34274-5.

Livari, J. (2007): A Paradigmatic Analysis of Information Systems As a Design Science. In: Scandinavian Journal of Information Systems. 2007, Nr. 19, S. 39–64.

Luhmann, N. (2008): Einführung in die Systemtheorie: Carl-Auer-Systeme-Verl. Heidelberg.

Lynn-Charney, C.; Rosen, D. (2000): Usage of accuracy models in stereolithography process planning. In: Rapid Prototyping Journal. 6, Nr. 2, S. 77–87.

Marti, K., et al. (2004): Dynamic stochastic optimization: Springer-Verlag. Berlin, New York.

Mau, M. (2003): Supply Chain Management. Prozessoptimierung entlang der Wertschöpfungskette: John Wiley & Sons.

McCutcheon, R. (2014): 3D printing and the new shape of industrial manufacturing.

Minitab (2015): Minitab 17. Minitab Assistant White Paper.

Mohapatra, S. (2013): Business process reengineering. Automation decision points in process reengineering: Springer. New York.

Mukerjee, R.; Wu, C.-F. (2006): A modern theory of factorial design: Springer. New York.

Müller, J. A. (1986): Dynamische Modellbildung in der Ökonomie. Berlin.

Müller, K. (1995): Management für Ingenieure. Grundlagen, Techniken, Instrumente: Springer-Verlag. Berlin, New York.

Nagamachi, M.; Lokman, A. M. (2011): Innovations of kansei engineering: CRC Press. Boca Raton, FL.

Neugebauer, R., et al. (2008): Energieeffizienz in der Produktion. Untersuchungen zum Handlungs- und Forschungsbedarf.

Neumann, C., et al. (2011): Modellbasierte Methoden für die Fehlererkennung und Optimierung im Gebäudebetrieb. Freiburg.

Nitz, S. (2016): 3d-drucker-world - Ultimaker 2. URL: http://www.3d-drucker-world.de/wp-content/gallery/ultimaker-2-buero/img_5766.jpg [Stand: 16.11.2016].

Nocedal, J.; Wright, S. J. (2006): Numerical optimization: Springer. New York.

Oehlert, G. W. (2000): A first course in design and analysis of experiments: W.H. Freeman. New York.

Oess, A. (1989): Total quality management. Die Praxis des Qualitäts-Managements: Gabler. Wiesbaden.

Onuh, S.; Hon, K. (2001): Improving Stereolithography Part Accuracy for Industrial Applications. In: The International Journal of Advanced Manufacturing Technology. 17, Nr. 1, S. 61–68.

Onwubolu, G.; Rayegani, F. (2014): Characterization and Optimization of Mechanical Properties of ABS Parts Manufactured by the Fused Deposition Modelling Process. In: International Journal of Manufacturing Engineering. 2014, S. 1–13.

Pande, P. S., et al. (2014): THE SIX SIGMA WAY. How to Maximize the Impact of Your Change and Improvement Efforts: McGraw-Hill Education. New York.

Pandey, P.; Reddy, N.; Dhande, S. (2003): Surface roughness simulation for FDM processed parts. In: International conference; 18th, Computer-aided production engineering; (CAPE 2003);, S. 413–422.

Pandey, P.; Venkata Reddy, N.; Dhande, S. (2003): Improvement of surface finish by staircase machining in fused deposition modeling. In: Journal of Materials Processing Technology. 132, 1-3, S. 323–331.

Patzak, G. (1982): Systemtechnik - Planung komplexer innovativer Systeme: Springer Berlin Heidelberg. Berlin, Heidelberg.

Pennington, R.; Hoekstra, N.; Newcomer, J. (2005): Significant factors in the dimensional accuracy of fused deposition modelling. In: Proceedings of the Institution of Mechanical Engineers, Part E: Journal of Process Mechanical Engineering, Nr. 1, S. 89–92.

Pfeifer, T.; Schmitt, R. (2014): Masing Handbuch Qualitätsmanagement: Hanser. München.

Rao, R. V. (2011): Advanced Modeling and Optimization of Manufacturing Processes: Springer London. London.

Rechberg, U. v. (1997): Systemgestützte Kostenschätzung. Eine Controlling-Perspektive: Dt. Univ.-Verlag. Wiesbaden.

Rees, D. W. A. (2006): Basic engineering plasticity. An introduction with engineering and manufacturing applications: Elsevier. Boston, MA.

Reinhardt, R., et al. (2013): Nichtlineare Optimierung: Springer Berlin Heidelberg. Berlin, Heidelberg.

Rodriguez, J.; Thomas, J.; Renaud, J. (2000): Characterization of the mesostructure of fused-deposition acrylonitrile-butadiene-styrene materials. In: Rapid Prototyping Journal. 6, Nr. 3, S. 175–186.

Ropohl, G. (2009): Allgemeine Technologie. Eine Systemtheorie der Technik: Univ.-Verl. Karlsruhe. Karlsruhe.

Rose Technologies (2013): Descriptive Diagnostic Predictive Prescriptive Analytics. URL: http://www.rosebt.com/blog/descriptive-diagnostic-predictive-prescriptive-analytics.

Ross, T. J. (2004): Fuzzy logic with engineering applications: John Wiley. Hoboken, NJ.

Saeed, K.; Nagashima, T. (2012): Biometrics and Kansei Engineering: Springer. Dordrecht.

Schaller, R. (1997): Moore's law. Past, present and future. In: IEEE Spectrum. 34, Nr. 6, S. 52–59.

Schira, J. (2005): Statistische Methoden der VWL und BWL. Theorie und Praxis: Pearson Studium. München, Boston [u.a.].

Schnetzer, R. (1999): Business Process Reengineering kompakt und verständlich: Vieweg+Teubner Verlag. Wiesbaden.

Schröder, D. (2010): Intelligente Verfahren. Identifikation und Regelung nichtlinearer Systeme: Springer-Verlag Berlin Heidelberg. Berlin, Heidelberg.

Shiou, F.-J.; Gao, J.-S. (2003): Effect of slice thickness on the profile accuracy of model maker rapid prototyping measured by a circular triangulation laser probe. In: The International Journal of Advanced Manufacturing Technology. 22, 11-12, S. 796–804.

Siebertz, K., et al. (2010): Statistische Versuchsplanung. Design of Experiments (DOE): Springer. Heidelberg, Dordrecht [u.a.].

Simon, H. A. (1996): The sciences of the artificial: MIT Press. Cambridge, Mass.

Sood, A.; Ohdar, R.; Mahapatra, S. (2012): Experimental investigation and empirical modelling of FDM process for compressive strength improvement. In: Journal of Advanced Research. 3, Nr. 1, S. 81–90.

Stachowiak, H. (1973): Allgemeine Modelltheorie: Springer-Verlag. Wien, New York.

Stein, M.: Empirische Wirtschaftsforschung. Zweifaktorielle Varianzanalyse. Freiburg, Albert-Ludwig-Universität freiburg, Abteilung für Empirische Wirtschaftsforschung und Ökonometrie. Vorlesungsskript. (2016). URL: https://www.empiwifo.uni-freiburg.de/lehre-teaching-1/winter-term/empirische-wirtschaftsforschung/material/anova. – Aktualisierungsdatum: 2016 – Überprüfungsdatum 2016-12-06.

Stokes, M. (2013): 3D printing for architects with MakerBot. Build state-of-the-art architecture design projects with MakerBot replicator 1, 2, or 2X: Packt Pub. Birmingham, UK.

Sun, Q.; Rizvi, G.; Bellehumeur, C.; Gu, P. (2008): Effect of processing conditions on the bonding quality of FDM polymer filaments. In: Rapid Prototyping Journal. 14, Nr. 2, S. 72–80.

Thrimurthulu, K.; Pandey, P.; Venkata Reddy, N. (2004): Optimum part deposition orientation in fused deposition modeling. In: International Journal of Machine Tools and Manufacture. 44, Nr. 6, S. 585–594.

Tong, L.; Amine, E.; Joshi, S. (2003): Parametric error modeling and software error compensation for rapid prototyping. In: Rapid Prototyping Journal. 9, Nr. 5, S. 301–313.

Troitzsch, K. G. (1990): Modellbildung und Simulation in den Sozialwissenschaften: Westdeutscher Verlag. Opladen.

Ulrich, P.; Hill, W. (1976): Wissenschaftstheoretische Grundlagen der Betriebswirtschaftslehre (Teil I). In: WiSt. Wirtschaftswissenschaftliches Studium, Nr. 7, S. 304–309.

Ultimaker (2014): Ultimaker2 Benutzerhandbuch. Der schnelle, einfach zu bedienende open source 3D-Drucker. Geldermalsen.

VDI Verein Deutscher Ingenieure (2014): Statusreport Additive Fertigungsverfahren.

VDI Verein Deutscher Ingenieure (2014): VDI 3405: Additive Fertigungsverfahren. Grundlagen, Begriffe, Verfahrensbeschreibungen = Additive manufacturing processes, rapid manufacturing : basics, definitions, processes: Beuth. Berlin.

VDI Verein Deutscher Ingenieure (2015): 3D-Druck ist für die Serie noch zu langsam. In: VDI nachrichten, Nr. 12, S. 23.

Verbruggen, H. B., et al. (1999): Fuzzy algorithms for control: Kluwer Academic Publishers. Boston.

Wagner, H. (2002): Nanotube–polymer adhesion. A mechanics approach. In: Chemical Physics Letters. 361, 1-2, S. 57–61.

Wang, T.-M.; Xi, J.-T.; Jin, Y. (2007): A model research for prototype warp deformation in the FDM process. In: The International Journal of Advanced Manufacturing Technology. 33, 11-12, S. 1087–1096.

Winter, E. (2016): Prozess. URL: http://wirtschaftslexikon.gabler.de/Definition/prozess.html#definition [Stand: 14.06.2016].

Wohlers, T. (2014): Wohlers Report 2014. 3D printing and additive manufacturing state of the industry; annual worldwide progress report: Wohlers Associates. Fort Collins, Colo.

Wu, S. (1982): Polymer interface and adhesion: M. Dekker. New York.

Zeidler, S. (2010): Top-5 Methoden der Prozessoptimierung. URL: http://www.gruenderszene.de/allgemein/die-top-5-methoden-der-prozessoptimierung [Stand: 14.06.2016].

Zhou, J.; Herscovici, D.; Chen, C. (2000): Parametric process optimization to improve the accuracy of rapid prototyped stereolithography parts. In: International Journal of Machine Tools and Manufacture, Nr. 6, S. 77–87.

Zimmermann, H.-J. (2008): Operations research. Methoden und Modelle für Wirtschaftsingenieure, Betriebswirte, Informatiker: Vieweg. Wiesbaden.

9 Anhang

9.1 Statistische Versuchsplanung

9.1.1 Versuchsplan

StdOrder	RunOrder	CenterPt	Blocks	Layer Height	Nozzle Temperature	Platform Temperature	Fill Density	Print Speed	Bottom Speed	Infill Speed
2	1	1	1	0,25	220	70	10	40	20	30
43	2	1	1	0,06	260	70	30	40	40	30
45	3	1	1	0,06	220	90	30	40	40	30
49	4	1	1	0,06	220	70	10	80	40	60
15	5	1	1	0,06	260	90	30	40	20	30
31	6	1	1	0,06	260	90	30	80	20	60
17	7	1	1	0,06	220	70	10	80	20	30
12	8	1	1	0,25	260	70	30	40	20	30
65	9	0	1	0,155	240	80	20	60	30	45
7	10	1	1	0,06	260	90	10	40	20	60
22	11	1	1	0,25	220	90	10	80	20	30
67	12	0	1	0,155	240	80	20	60	30	45
52	13	1	1	0,25	260	70	10	80	40	60
60	14	1	1	0,25	260	70	30	80	40	30
38	15	1	1	0,25	220	90	10	40	40	30
42	16	1	1	0,25	220	70	30	40	40	30
51	17	1	1	0,06	260	70	10	80	40	30
40	18	1	1	0,25	260	90	10	40	40	60
27	19	1	1	0,06	260	70	30	80	20	30
19	20	1	1	0,06	260	70	10	80	20	60
21	21	1	1	0,06	220	90	10	80	20	60
10	22	1	1	0,25	220	70	30	40	20	60
50	23	1	1	0,25	220	70	10	80	40	30
39	24	1	1	0,06	260	90	10	40	40	30
25	25	1	1	0,06	220	70	30	80	20	60
36	26	1	1	0,25	260	70	10	40	40	30
41	27	1	1	0,06	220	70	30	40	40	60
55	28	1	1	0,06	260	90	10	80	40	60
29	29	1	1	0,06	220	90	30	80	20	30
24	30	1	1	0,25	260	90	10	80	20	60
14	31	1	1	0,25	220	90	30	40	20	30
44	32	1	1	0,25	260	70	30	40	40	60
28	33	1	1	0,25	260	70	30	80	20	60
46	34	1	1	0,25	220	90	30	40	40	60
11	35	1	1	0,06	260	70	30	40	20	60
32	36	1	1	0,25	260	90	30	80	20	30
8	37	1	1	0,25	260	90	10	40	20	30
5	38	1	1	0,06	220	90	10	40	20	30
68	39	0	1	0,155	240	80	20	60	30	45

57	40	1	1	0,06	220	70	30	80	40	30
56	41	1	1	0,25	260	90	10	80	40	30
20	42	1	1	0,25	260	70	10	80	20	30
59	43	1	1	0,06	260	70	30	80	40	60
16	44	1	1	0,25	260	90	30	40	20	60
53	45	1	1	0,06	220	90	10	80	40	30
18	46	1	1	0,25	220	70	10	80	20	60
48	47	1	1	0,25	260	90	30	40	40	30
33	48	1	1	0,06	220	70	10	40	40	30
1	49	1	1	0,06	220	70	10	40	20	60
61	50	1	1	0,06	220	90	30	80	40	60
9	51	1	1	0,06	220	70	30	40	20	30
37	52	1	1	0,06	220	90	10	40	40	60
30	53	1	1	0,25	220	90	30	80	20	60
26	54	1	1	0,25	220	70	30	80	20	30
64	55	1	1	0,25	260	90	30	80	40	60
34	56	1	1	0,25	220	70	10	40	40	60
54	57	1	1	0,25	220	90	10	80	40	60
4	58	1	1	0,25	260	70	10	40	20	60
3	59	1	1	0,06	260	70	10	40	20	30
6	60	1	1	0,25	220	90	10	40	20	60
62	61	1	1	0,25	220	90	30	80	40	30
63	62	1	1	0,06	260	90	30	80	40	30
35	63	1	1	0,06	260	70	10	40	40	60
66	64	0	1	0,155	240	80	20	60	30	45
13	65	1	1	0,06	220	90	30	40	20	60
58	66	1	1	0,25	220	70	30	80	40	60
23	67	1	1	0,06	260	90	10	80	20	30
47	68	1	1	0,06	260	90	30	40	40	60

9.1.2 Ergebnisse des Vorversuchs

Printing Time	Dimension Circle	Dimension Width	Dimension Height	Roughness 1	Roughness 2	Roughness 3	Energy (AC)
446	9,9	22,9	2,77	19,598	41,387	35,313	0,6825
1692	9,93	22,95	2,65	11,665	5,691	20,531	0,7035
1694	10,01	22,74	2,75	5,565	9,109	13,178	0,9233
1458	9,94	22,85	2,72	7,652	9,914	13,597	0,7347
1731	10	22,81	2,72	12,868	4,466	17,25	0,9088
1541	10	22,85	2,71	10,538	11,803	24,288	0,9107
1518	9,97	22,9	2,75	7,76	2,748	13,073	0,7326
474	9,94	22,9	2,79	19,039	47,457	36,648	0,7052
619	9,99	22,89	2,74	15,351	7,571	24,879	0,8023
1496	9,87	22,94	2,74	13,611	11,667	23,262	0,8847
425	9,81	22,74	2,79	20,308	12,347	34,112	0,8279
610	9,92	22,89	2,77	14,137	14,931	27,166	0,7805
384	9,93	22,91	2,8	20,874	34,242	36,4	0,7021
429	10	22,9	2,8	21,787	36,549	39,4	0,7259

413	9,92	22,75	2,81	19,685	35,275	39,964	0,8468
438	10	22,81	2,77	19,631	35,728	34,368	0,7153
1488	9,96	22,82	2,71	12,324	3,873	23,791	0,7021
383	9,89	22,84	2,76	20,762	56,781	23,827	0,8626
1676	10	22,8	2,65	17,501	15,179	33,678	0,7462
1496	9,91	22,87	2,65	15,156	17,698	26,52	0,7163
1495	9,89	22,81	2,85	7,699	7,758	26,318	0,8775
438	9,98	22,86	2,8	18,85	63,445	13,269	0,7154
391	9,98	22,76	2,8	23,56	18,926	32,034	0,7125
1590	9,93	22,83	2,67	10,955	11,769	34,097	0,9162
1542	10	22,85	2,7	7,482	11,181	20,005	0,732
413	9,93	22,85	2,65	20,137	38,129	13,913	0,7075
1533	10,01	22,71	2,79	5,779	16,826	31,696	0,7188
1458	9,92	22,78	2,71	15,167	9,777	13,557	0,9086
1677	9,88	22,88	2,73	9,242	8,069	22,965	0,8706
420	9,92	22,89	2,76	21,875	23,66	13,662	0,8753
474	9,99	22,8	2,8	19,011	60,558	37,784	0,8687
399	9,92	22,93	2,83	18,858	56,344	33,426	0,6751
429	9,9	22,86	2,88	19,7	48,852	33,707	0,7255
401	9,92	22,7	2,86	19,677	51,081	27,569	0,8813
1571	9,96	22,91	2,67	12,037	16,541	33,273	0,7425
462	9,98	22,8	2,89	23,457	27,168	21,087	0,8807
449	9,9	22,84	2,73	20,104	32,56	36,215	0,8827
1628	9,9	22,75	2,84	6,671	9,533	34,351	0,941
619	10,01	22,83	2,76	15,482	20,793	13,347	0,7689
1640	10,03	22,81	2,74	10,082	5,595	26,829	0,7418
391	9,91	22,88	2,74	18,978	16,149	15,785	0,8932
425	9,93	22,85	2,66	21,088	14,482	34,384	0,6799
1525	10,03	22,88	2,67	12,636	13,267	38,315	0,753
438	9,88	22,86	2,92	19,31	47,696	18,802	0,8868
1483	9,92	22,61	2,89	8,608	5,38	35,082	0,8954
421	9,91	22,75	2,73	20,232	55,899	12,141	0,7169
438	9,97	22,87	2,83	18,958	35,106	30,697	0,8105
1590	9,98	22,77	2,68	6,774	7,951	32,844	0,7226
1497	9,93	22,76	2,68	6,584	10,926	14,255	0,7145
1507	9,85	22,67	2,83	7,226	22,563	14,517	0,871
1730	10,01	22,79	2,71	6,62	9,391	13,155	0,7023
1457	9,9	22,74	2,89	6,516	14,59	14,267	0,8679
429	9,94	22,67	2,85	19,28	40,92	13,64	0,8576
462	9,9	22,8	2,78	21,698	38,748	34,989	0,7125
393	9,94	22,81	2,91	18,729	48,688	40,241	0,8522
383	9,92	22,87	2,94	20,742	74,587	35,07	0,7046
385	9,9	22,8	2,81	20,741	41,998	35,912	0,8427
384	9,88	22,73	2,81	20,074	53,51	37,386	0,848
1629	9,9	22,95	2,67	14,658	13,526	41,085	0,7528
419	9,91	22,89	2,83	19,82	79,521	23,32	0,826
427	9,77	22,75	2,83	21,629	50,544	35,584	0,8348

1641	9,96	22,85	2,69	11,428	29,351	40,003	0,9024
1458	9,91	22,86	2,69	11,856	22,355	27,788	0,7301
620	9,98	22,84	2,77	15,196	37,165	20,887	0,7574
1572	9,92	22,6	2,93	7,467	40,371	28,417	0,8504
393	9,98	22,79	2,79	19,753	55,269	13,05	0,6754
1519	9,86	22,91	2,74	10,26	9,324	34,914	0,8542
1533	9,99	22,79	2,73	8,797	14,997	20,502	0,8858

9.1.3 Erweiterung des Versuchs um Sternpunkte

StdOrder	RunOrder	CenterPt	Blocks	Layer Height	Nozzle Temperature	Platform Temperature	Fill Density	Print Speed	Bottom Speed	Infill Speed
69	69	-1	2	0,06	240	80	20	60	30	45
70	70	-1	2	0,25	240	80	20	60	30	45
71	71	-1	2	0,155	220	80	20	60	30	45
72	72	-1	2	0,155	260	80	20	60	30	45
73	73	-1	2	0,155	240	70	20	60	30	45
74	74	-1	2	0,155	240	90	20	60	30	45
75	75	-1	2	0,155	240	80	10	60	30	45
76	76	-1	2	0,155	240	80	30	60	30	45
77	77	-1	2	0,155	240	80	20	40	30	45
78	78	-1	2	0,155	240	80	20	80	30	45
79	79	-1	2	0,155	240	80	20	60	20	45
80	80	-1	2	0,155	240	80	20	60	40	45
81	81	-1	2	0,155	240	80	20	60	30	30
82	82	-1	2	0,155	240	80	20	60	30	60

9.1.4 Ergebnisse der Sternpunktversuche

Printing Time	Dimension Circle	Dimension Width	Dimension Height	Roughness 1	Roughness 2	Roughness 3	Energy (AC)
1525	9,98	22,68	2,71	7,617	18,195	16,847	0,7685
409	9,98	22,7	2,8	19,684	59,801	36,757	0,7576
619	9,99	22,65	2,74	14,183	29,453	23,998	0,7954
619	9,88	22,85	2,7	14,591	44,859	24,745	0,7701
619	9,96	22,78	2,72	15,77	23,976	26,209	0,7438
619	9,91	22,73	2,77	13,369	25,864	28,453	0,8455
620	9,93	22,76	2,7	17,04	32,321	26,159	0,768
635	9,91	22,74	2,7	13,988	17,734	26,776	0,778
623	9,96	22,81	2,71	14,14	37,302	27,506	0,7695
613	9,89	22,85	2,74	15,7	21,774	25,557	0,763
645	9,94	22,75	2,79	15,344	25,32	25,542	0,7756
604	9,98	22,68	2,8	15,277	19,261	26,186	0,776
632	9,91	22,77	2,73	14,222	13,394	25,261	0,7602
607	9,97	22,71	2,8	13,916	20,994	27,974	0,7521

9.2 Human Machine Interface

9.2.1 Beschreibung der verschiedenen Fenster

Main

Update: Verändere vorhandenen Datensatz/ falls nicht vorhanden lade neuen Datensatz als Excel hoch

Fehlermeldung: Falls Excel Einträge ungültig/ kein Modell ausgewählt

Predict: Sagt Ausgangsgrößen auf Basis der eingegebenen Eingangsgrößen aus

Fehlermeldung: kein Modell ausgewählt/ Eingangsgrößen leer/ Eingangsgrößen außerhalb der Grenzen

Parametersetting: Rufe Fenster mit Parametereinstellungen auf

Select: Wähle ein zuvor erstelltes Modell als Matlab Datei und lade es hoch

Fehlermeldung: kein gültiges Modell

New Model: Öffne Fenster für Modellerstellung

Upload: lade neuen Datensatz als Excel hoch

Fehlermeldung: Falls Excel Einträge ungültig/ kein Modell ausgewählt/falsche Spaltenanzahl

Upload (2): Lade Gcode in Workspace hoch

Clear: Lösche Gcode aus Workspace

Checkbox „Empirical Data“: Bei Deaktivierung werden nur noch White-Box Modelle benutzt

New Model

Upload (1): Lade Gcode mit Parametereinstellung [0.2 240 80 10 50 50 50] hoch (wird für Optimierungsschritt bei WB Energie und WB Zeit benötigt)

Upload (2): Lade Gcode mit Parametereinstellung [0.2 240 80 90 50 50 50] hoch (wird für Optimierungsschritt bei WB Energie und WB Zeit benötigt)

Upload (3): Lade Excel mit Datensätzen hoch

Fehlermeldung: Falls Datenpunkte in der Exceldatei fehlen

Checkbox „Arc“: Zeigt eine zweite Maske für die Angabe eines Bogens an

Apply: Speichere Informationen über Winkel und Gcode auf Festplatte unter den ausgewählten Namen/Falls Datensätze ausgewählt wurden berechne Black-Box Modelle

Fehlermeldung: Eingetippter Name hat nichtalphabetische Zeichen/Leerzeichen bei der Winkelangabe/Nichtnumerische Zeichen bei der Winkelangabe/Keine Angabe des Bogenwinkels bei aktivierter Checkbox/Winkel größer als 90°/Winkelangaben nicht in

Reihenfolge von links nach rechts ausgefüllt/Gcode und Name nicht vorhanden/Gcode nicht hochgeladen/Name nicht eingetippt

Datatable

Add: Füge neue Zeile zu Daten hinzu

Cancel: Schließe Fenster

Delete: Lösche Zeile

Fehlermeldung: keine Zeile ausgewählt

Save: Speichere aktuelle Datentabelle und aktualisiere BB Modelle

Fehlermeldung: nichtnumerische Einträge in Tabelle

Parametersettings

Save: Speichere aktuelle Parameter in Workspace

Fehlermeldung: Einträge leer oder nichtnumerisch/untere Parametergrenzen größer als obere Parametergrenzen

Cancel: Schließe Fenster

Add/View(1): Öffne Fenster mit Heizelementen

Add/View(2): Öffne Fenster mit Motorenliste

Add/View(3): Öffne Fenster mit sonstigen Komponenten

HeatingElements

Save: Speichere aktuelle Tabelle

Fehlermeldung: nichtnumerische Einträge

Cancel: Schließe Fenster

Delete: Lösche Zeile

Fehlermeldung: keine Zeile ausgewählt

Motors

Save: Speichere aktuelle Tabelle

Fehlermeldung: nichtnumerische Einträge

Cancel: Schließe Fenster

Delete: Lösche Zeile

Fehlermeldung: keine Zeile ausgewählt

ConstantCurrentComponents

Save: Speichere aktuelle Tabelle

Fehlermeldung: nichtnumerische Einträge

Cancel: Schließe Fenster

Delete: Lösche Zeile

Fehlermeldung: keine Zeile ausgewählt

9.2.2 Skripte

Gcodereader

Berechnet aus dem Gcode die einzelnen Gesamtstrecken, die für die Füllung, die Außenwand und der untersten Schicht zurückgelegt wird. Zudem werden auch die verschiedenen Distanzen in jeder einzelnen Schicht berechnet

NewModelBBcreator

Erstellt auf Basis der bereitgestellten Datentabelle eine Black Box Modell für alle Zielparameter durch.

Predictor

Definiert wann Black Box Modelle und wann White Box Modelle für die Vorhersage der Zielgrößen benutzt werden. Die Benutzung der BB Modelle wird nur überprüft, falls der User im Fenster Main die entsprechende Box klickt. Falls BB Modelle erwünscht sind müssen folgende Bedingungen erfüllt sein.

- Es müssen genügend Daten (hier 70) vorhanden sein.
- Die vom User eingegebene Eingangsgröße muss zwischen der Höchst - und Untergrenze der empirischen Daten liegen, damit nicht extrapoliert wird
- Mindestens ein Punkt muss 20% um das Zentrum zwischen den technisch sinnvollen Grenzwerten liegen, um Kurven zu identifizieren.
- Mindestens ein Punkt muss 20% um den Bereich der Sternpunkte liegen, um Kurven zu identifizieren.

Falls die Bedingungen nicht erfüllt sind werden die entsprechenden WB Modelle benutzt. Hierfür muss ein Gcode vorliegen. Sonst wird eine Fehlermeldung angezeigt.

Optimize

Definiert wann Black-Box Modelle und wann White-Box Modelle für die Optimierung der Zielgrößen benutzt werden. Die Benutzung der BB Modelle wird nur überprüft, falls der User im Fenster Main die entsprechende Box klickt. Zunächst wird eine White Box Optimierung durchgeführt, da sie zur Optimierung am geeignetsten sind. Anschließend werden die nicht im WB Modell enthaltenen Parameter mittels Black-Box optimiert und zur WB Lösung hinzugefügt.

Zur Benutzung der Black-Box müssen alle Bedingungen wie bei dem Skript „Predictor" erfüllt sein. Der einzige Unterschied ist, dass die optimierten Werte aus der White-Box Optimierung innerhalb der Höchst- und Untergrenze der empirischen Daten liegen muss. Jedoch muss diese Bedingung nicht für alle Eingangsgrößen gelten. Die White-Box Modelle benutzen oftmals nur einen Teil der Eingangsgrößen, welche auch bei der Optimierung verändert werden. Die restlichen Eingangsgrößen bleiben jedoch vom Startpunkt der Optimierung unverändert. Diese können daher auch innerhalb Höchst- und Untergrenze der empirischen Daten bei der BB Modellierung verändert werden.

9.2.3 Matlabfunktionen

WBDM2

Modelliert die Maßhaltigkeit auf Basis der Schrumpfrate in der Parametereinstellung. Sie beinhaltet keine Eingangsgrößen und ist daher fix.

WBE

Modelliert den Energieverbrauch auf Basis der elektrischen Komponenten des Gerätes. Sie beinhaltet die Eingangsgrößen Düsen- und Plattform Temperatur, und die drei Geschwindigkeiten sowie der Parameter „Output des Netzteils". Die Berechnung verändert sich davon ob optimiert oder vorhergesagt werden soll. Bei der Vorhersage wird der Gcode benutzt, um genauerer Angaben zu den zurückgelegten Distanzen der Füllung, Außenschicht und untersten Schicht zu machen. Bei der Optimierung eine lineare Veränderung der Fülldistanz angenommen, die mit den bei der Modellerstellung hochgeladenen Gcodes modelliert wird. In Kombination mit dem WB Modell für die Druckzeit wird der Energieverbrauch in W berechnet.

WBT

Modelliert die benötigte Druckzeit auf Basis der zurückgelegten Distanzen, die aus dem Gcode berechnet wird. Sie beinhaltet die Geschwindigkeiten für die unterste Schicht, der Füllung und der Außenwand als Eingangsgrößen sowie der alle berechneten Distanzen als Parameter. Für die Zeitberechnung wird zunächst die benötige Zeit für jede Schicht berechnet. Um die Zeit zu berechnen werden die Strecken durch die dazugehörigen Geschwindigkeiten dividiert. Zudem wird für jede lineare Stecke, die die Düse zurücklegt, die benötigte Zeit zusätzliche Zeit für die Beschleunigung auf die nominale Geschwindigkeit addiert. Dieser Ansatz geht davon aus, dass die nominale Geschwindigkeit bei jeder Bewegung erreicht wird. Anschließend wird kontrolliert ob jede Schicht genügend Zeit hat um abzukühlen. Falls dies nicht der Fall ist wird die Düse verlangsamt, so dass die Kühlzeit eingehalten wird. %Falls optimiert werden soll, werden die Distanzen aus dem Gcode, welches bei der Modellerstellung hochgeladen wurde, benutzt. Diese wird durch einen Faktor für die Fülldichte und der Schichtdicke ergänzt. Falls vorhergesagt werden soll werden die Distanzen aus dem aktuell hochgeladenen Gcode verwendet. Die Gesamtzeit setzt sich aus der Summe der zeiten für jede Schicht zusammen und einem empirische Wert von 0.35s für das Hochfahren der Plattform bei jeder Schicht.

WBR1M2/ WBR2M2/ WBR3M2

Modelliert die benötigte Rauigkeit der definierten Rauheitsflächen 1-3 auf Basis geometrischer Überlegungen. Sie beinhaltet die Schichtdicke als Eingangsgröße und die bei der Modellerstellung angegebenen Rauheitswinkel. Dieser Algorithmus geht davon aus, dass die Geometrie bei verschiedenen Winkel unterschiedlich ist und sich dementsprechend die Rauheit verändert. Falls die Rauigkeit eines Bogens berechnet werden soll, wird jeder ganzzahlige Winkel des Bogens gemessen und der Durschnitt am Ende berechnet.

WBDM1 (nicht benutzt)

Modelliert die Maßhaltigkeit auf Basis des Verzugs bei der Abkühlung. Sie beinhaltet die Eingangsgrößen Schichtdickte und Plattform Temperatur sowie den Parameter Glasstemperatur. Diese ist nicht für PLA gedacht, da der Verzug bei diesem Material eher gering ist.

WBRM1 (nicht benutzt)

Ein komplizierter Algorithmus für die Rauheitsberechnung. Dieser ist aufgrund der mathematischen Komplexität jedoch zu langsam.

WBRM3 (nicht benutzt)

Ein einfacherer Algorithmus für die Rauheitsberechnung. Jedoch ist diese nicht für den Winkel 0° definiert

ceqWB

Diese Funktion wird als nichtlineare Restriktion in der Optimierung der White-Box Modelle benutzt. In dieser Restriktion werden alle Zielgrößen addiert und dieser Wert versucht an 0 anzunähern. Die einzelnen Zielgrößen werden zudem normiert und mit der Gewichtung multipliziert. Zudem können auch Sollwerte berücksichtigt werden. Falls ein Modell nicht berücksichtigt werden soll, wird die Gewichtung gleich 0 gesetzt. Die minimalen und maximalen Werte werden durch einsetzten der Maschinengrenzen bestimmt, da die Minima und Maxima der WB Modelle am Rand liegen.

ceqBB

Diese Funktion wird als nichtlineare Restriktion in der Optimierung der Black-Box Modelle benutzt. In dieser Restriktion werden alle Zielgrößen addiert und dieser Wert versucht an 0 anzunähern. Die einzelnen Zielgrößen werden zudem normiert und mit der Gewichtung multipliziert. Zudem können auch Sollwerte berücksichtigt werden. Falls ein Modell nicht berücksichtigt werden soll, wird die Gewichtung gleich 0 gesetzt. Die minimalen und maximalen Werte werden durch die minimalen und maximalen Werte aus der Datentabelle bestimmt

9.2.4 Programmhierarchie

Main

- Predictor (Button: Predict)
  - *WBE*
  - *WBT*

WBR1M2

WBDM2

Optimize (Button:Optimize)

WBE

WBT

WBR1M2

WBDM2

ceqWB

ceqBB

Gcodereader (Button: Upload)

NewModel

Gcodereader (Button:Upload)

NewModelBBcreator (Button:Save)

Parametersettings

Motors

ConstantCurrentComponents

HeatingElements

Datatable

NewModelBBcreator

In der Reihe **Ergebnisse aus der Produktionstechnik** zuletzt erschienen:

Fuhrmann, Marco:
Qualitätsorientierte modellbasierte Prozessparameteroptimierung für das Fused Deposition Modeling
ISBN: 978-3-86359-633-0
Erscheinungsdatum: 22.06.2018

Schmitz, Torben:
Qualitätsorientierte modellbasierte Prozessparameteroptimierung für das Fused Deposition Modeling
ISBN: 978-3-86359-625-5
Erscheinungsdatum: 22.06.2018

Ottersbach, Michael:
Belastungsspezifische Werkzeug- und Prozessauslegung für die Schlichtfräsbearbeitung von Hartmetall
ISBN: 978-3-86359-627-9
Erscheinungsdatum: 14.06.2018

Müller, Sebastian:
Material Removal Mechanisms during Grinding of Fiber-Reinforced Ceramics with Porous Matrix
ISBN: 978-3-86359-632-3
Erscheinungsdatum: 08.06.2018

Konowalczyk, Philip:
Grübchen- und Zahnflankenbruchtragfähigkeit großmoduliger Stirnräder
ISBN: 978-3-86359-628-6
Erscheinungsdatum: 04.06.2018

Ortlieb, Casimir
Produktportfoliogerechte Baukastengestaltung
ISBN: 978-3-86359-622-4
Erscheinungsdatum: 22.05.2018

Bakarinow, Kolja:
Methodik zur Prognose des thermoelastischen Verhaltens von Vorschubachskomponenten
ISBN: 978-3-86359-621-7
Erscheinungsdatum: 22.05.2018

Krappig, Reik:
Hochgenaue wellenfrontbasierte Justage kleinaperturiger optischer Systeme
ISBN: 978-3-86359-617-0
Erscheinungsdatum: 04.05.2018

Wirtz, Christian:
Zerspanverhalten von WC-Co Hartmetallen bei der Schleifbearbeitung
ISBN: 978-3-86359-624-8
Erscheinungsdatum: 27.04.2018

Hempel, Thomas:
Bedarfsgerechte Informationsbereitstellung zur hochauflösenden Produktionsplanung und -regelung
ISBN: 978-3-86359-613-2
Erscheinungsdatum: 13.04.2018

Karrer-Müller, Eva-Maria:
Prozessmodell für die frühe Phase der Entwicklung mechatronischer Systeme von Nutzfahrzeugen
ISBN: 978-3-86359-599-9
Erscheinungsdatum: 20.03.2018

Prote, Jan-Philipp:
Verursachungsgerechte Bewertung von Standortalternativen in Produktionsnetzwerken
ISBN: 978-3-86359-598-2
Erscheinungsdatum: 20.03.2018

Edition Wissenschaft
Apprimus

Barg, Sebastian Julian:
Kontextbezogene Auslegung von Produktbaukästen
ISBN: 978-3-86359-607-1
Erscheinungsdatum: 15.03.2018

Begovic, Advan:
Datenbasiertes Wissensmanagement für Smart Services im Werkzeugbau
ISBN: 978-3-86359-604-0
Erscheinungsdatum: 28.02.2018

Ellinghaus, Jan Moritz:
UP-Zerspanung großflächiger optischer Strukturen durch Mehrschneidenflycutting
ISBN: 978-3-86359-591-3
Erscheinungsdatum: 27.02.2018

Wennemer, Matthias:
Methode zur messtechnischen Analyse und Charakterisierung volumetrischer thermo-elastischer Verlagerungen von Werkzeugmaschinen
ISBN: 978-3-86359-592-0
Erscheinungsdatum: 15.02.2018

Müller: Johannes:
Integrative Gestaltung von Fertigungsprozess- und Prüffolgen für sicherheitskritische Bauteile
ISBN: 978-3-86359-589-0
Erscheinungsdatum: 14.02.2018

Kampka, Marco:
Lokal aufgelöste Zerspankraft beim Verzahnungshonen
ISBN: 978-3-86359-576-0
Erscheinungsdatum: 14.02.2018

Voet, Hanno Arnd:
Baukastensysteme für die Fabrikplanung in kleinen und mittleren Unternehmen
ISBN: 978-3-86359-605-7
Erscheinungsdatum: 09.03.2018

Zhang, Huchen:
Fertigungsintegriertes Messsystem zur Qualitätsprüfung und -regelung in der Serienproduktion von Kegelradgetrieben
ISBN: 978-3-86359-590-6
Erscheinungsdatum: 27.02.2018

Schönberg, Alexander:
Steigerung der Prozessfähigkeit gewandelter Montagezellen durch Selbstreferenz
ISBN: 978-3-86359-588-3
Erscheinungsdatum: 21.02.2018

Diels, Frederic:
Indikatoren für die Ermittlung agil zu entwickelnder Produktumfänge
ISBN: 978-3-86359-586-9
Erscheinungsdatum: 14.02.2018

Dölle, Christian:
Projektsteuerung in der Produktentwicklung mittels Predictive Analytics
ISBN: 978-3-86359-585-2
Erscheinungsdatum: 14.02.2018

Graw, Myron:
Instrument zur Steigerung des branchenübergreifenden Verwertungspotenzials von Fertigungstechnologien
ISBN: 978-3-86359-584-5
Erscheinungsdatum: 14.02.2018

Edition Wissenschaft
Apprimus

FSC
www.fsc.org
MIX
Papier | Fördert
gute Waldnutzung
FSC® C083411

Kolibri 360 GmbH
Ferdinand-Jühlke-Straße 7
99095 Erfurt, Deutschland
produktsicherheit@kolibri360.de